# NussKnacker 2

## Mein Arbeitsheft

**Herausgeber**
Peter Herbert Maier, Karlsruhe

**Autoren**
Sabine Heinz, Pegnitz/Hollenberg
Birgit Herdegen, Thannhausen
Karl Landherr, Thannhausen
Peter Herbert Maier, Karlsruhe
Monika Schoy-Lutz, Gottlieben
Regina Schuhmann, Landsberg am Lech

**Berater**
Astrid Balzar, Bad Staffelstein
Brigitte Filler, Fürth
Katja Krellenberg, Neubiberg
Wolfram Kriegelstein, Schwabach
Johanna Ramm, Seon
Nina Schlag, Wendelstein
Christine Schneider, München
Constanze Schürer, Möckenlohe
Simone Wagler, Münsingen
Barbara Walz, Pommersfelden
Christine Zetzmann, Bad Rodach

**Ernst Klett Verlag**
**Stuttgart · Leipzig**

# Rechnen ohne Zehnerübergang

**1** Ordne der Größe nach.

a) Beginne mit der kleinsten Zahl.

8, 14, 5, 4, 12, 16, 20, 15

4, ______

9, 10, 19, 0, 6, 16, 13, 3

______

b) Beginne mit der größten Zahl.

11, 18, 1, 4, 19, 8, 0, 7

19, ______

6, 12, 4, 15, 3, 9, 16, 2

______

**2**

5 + 2 = ___
15 + 2 = ___

___ + ___ = ___
14 + 4 = ___

7 − 5 = ___
17 − 5 = ___

___ − ___ = ___
16 − 3 = ___

3 + 4 = ___
13 + 4 = ___

___ + ___ = ___
11 + 5 = ___

9 − 6 = ___
19 − 6 = ___

___ − ___ = ___
17 − 2 = ___

2 + 6 = ___
12 + 6 = ___

___ + ___ = ___
10 + 7 = ___

2 − 1 = ___
12 − 1 = ___

___ − ___ = ___
15 − 5 = ___

**3**

| | | | |
|---|---|---|---|
| 13 + 5 = ___ | 14 + 5 = ___ | 18 − 7 = ___ | 19 − 5 = ___ |
| 15 + 3 = ___ | 12 + 2 = ___ | 19 − 4 = ___ | 17 − 4 = ___ |
| 17 + 2 = ___ | 11 + 8 = ___ | 16 − 4 = ___ | 18 − 2 = ___ |
| 14 + 4 = ___ | 11 + 7 = ___ | 12 − 1 = ___ | 13 − 2 = ___ |
| 16 + 2 = ___ | 13 + 6 = ___ | 15 − 4 = ___ | 18 − 5 = ___ |
| 13 + 1 = ___ | 19 + 0 = ___ | 16 − 5 = ___ | 14 − 4 = ___ |

**4**

| 7 | 8 | 6 | 4 |
|---|---|---|---|
| 7 + ___ | ___ + 8 | ___ + 0 | ___ + ___ |
| 6 + ___ | ___ + 7 | 5 + ___ | ___ + ___ |
| 5 + ___ | ___ + 6 | ___ + 2 | ___ + ___ |
| ___ + ___ | ___ + ___ | 3 + ___ | ___ + ___ |
| ___ + ___ | ___ + ___ | ___ + 4 | ___ + ___ |
| ___ + ___ | ___ + ___ | 1 + ___ | |
| ___ + ___ | ___ + ___ | ___ + 6 | |


4 5

**1**

a)

| + | 4 | 6 | 3 | 7 | 2 |
|---|---|---|---|---|---|
| 8 | | | | | |
| 9 | | | | | |
| 13 | | | | | |

b)

| − | 5 | 7 | 6 | 8 | 4 |
|---|---|---|---|---|---|
| 11 | | | | | |
| 12 | | | | | |
| 17 | | | | | |

c)

| + | 7 | 5 | | 6 | |
|---|---|---|---|---|---|
| 8 | | | 17 | | |
| 6 | | | | | 14 |
| 5 | | | | | |

d)

| − | 8 | 6 | 9 | | 7 |
|---|---|---|---|---|---|
| 13 | | | | | |
| | | 9 | | | |
| 14 | | | | 9 | |

**2**

7, 14 rot — 8, 16 gelb — 13, 18 grün — 9, 11 blau

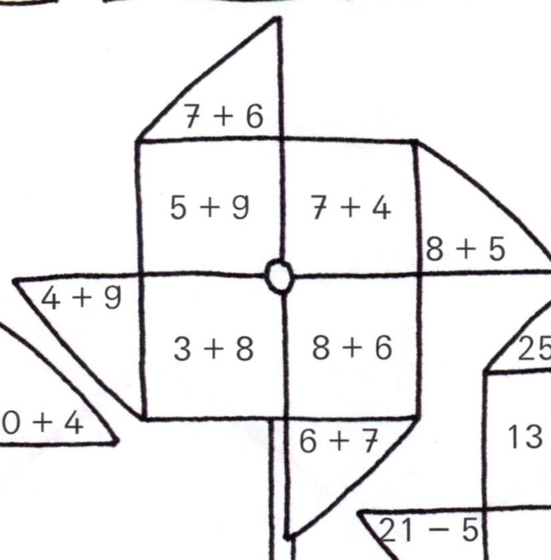


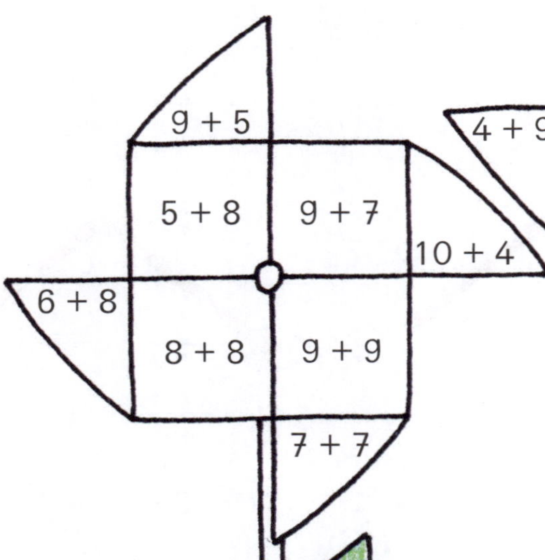


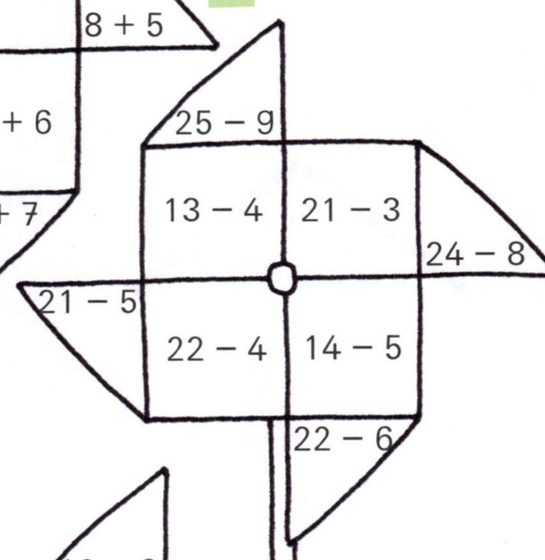


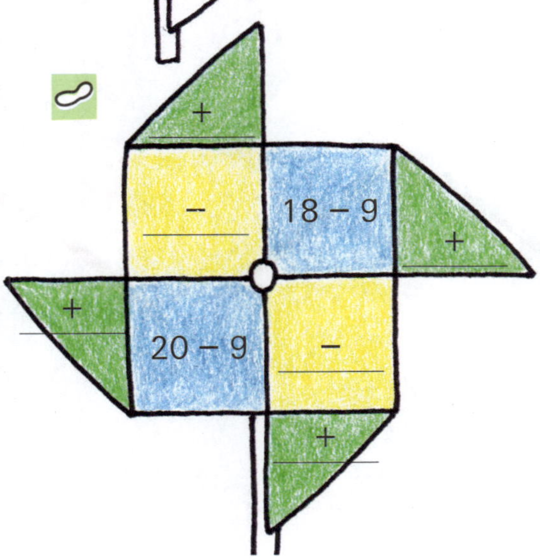


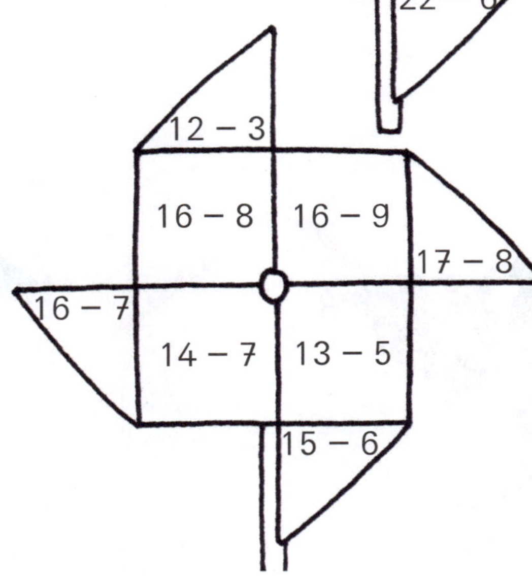

# Tauschaufgaben und Umkehraufgaben

**1** Nutze die Tauschaufgabe.

a) 2 + 7 = ___ → 7 + 2 = ___

3 + 6 = ___ → 6 + ___ = ___

3 + 7 = ___ → ___ + ___ = ___

4 + 5 = ___ → ___ + ___ = ___

b) 3 + 18 = ___ → ___ + ___ = ___

6 + 17 = ___ → ___ + ___ = ___

4 + 17 = ___ → ___ + ___ = ___

5 + 19 = ___ → ___ + ___ = ___

**2** Kontrolliere mit der Umkehraufgabe.

a) 9 − 3 = ___ → 6 + 3 = ___

4 + 5 = ___ → ___

11 − 4 = ___ → ___

9 + 9 = ___ → ___

b) 23 − 8 = ___ → ___

17 + 7 = ___ → ___

22 − 6 = ___ → ___

18 + 5 = ___ → ___

**3** Rechne Aufgabenfamilien.

Haus 1: 8 / 6, 2

6 + 2 = ___
2 + 6 = ___
___ − 2 = ___
___ − 6 = ___

Haus 2: ___ / 7, 5

7 + 5 = ___
___ + ___ = ___
___ − ___ = ___
___ − ___ = ___

Haus 3: 18 / 2, ___

___ + ___ = ___
___ + ___ = ___
18 − 2 = ___
___ − ___ = ___

Haus 4: ___ / 4, ___

___ = ___
___ = ___
___ = ___
___ = ___

Haus 5: ___ / ___, ___

___ = ___
___ = ___
___ = ___
___ = ___

Haus 6: ___ / ___, ___

___ = ___
___ = ___
___ = ___
___ = ___

**1** ☐

Emelie möchte ein Schinkenbrot und ein Mineralwasser. Sie bezahlt mit einem 10-€-Schein.

F: Wieviel Geld bekommt sie zurück?

L:

A:

**2** ☐

Hannah kauft sich ein Käsebrot. Sie hat 7 €.

F: Reicht das Geld noch für einen Saft?

L:

A:

**3** ☐

Anton kauft 3 Getränke. Er bezahlt 4 €.

F:

L:

A:

**4** ☐

Juan hat für ein Essen und ein Getränk 5 € bezahlt.

F: Was könnte er gegessen und getrunken haben?

L:

A:

**1**

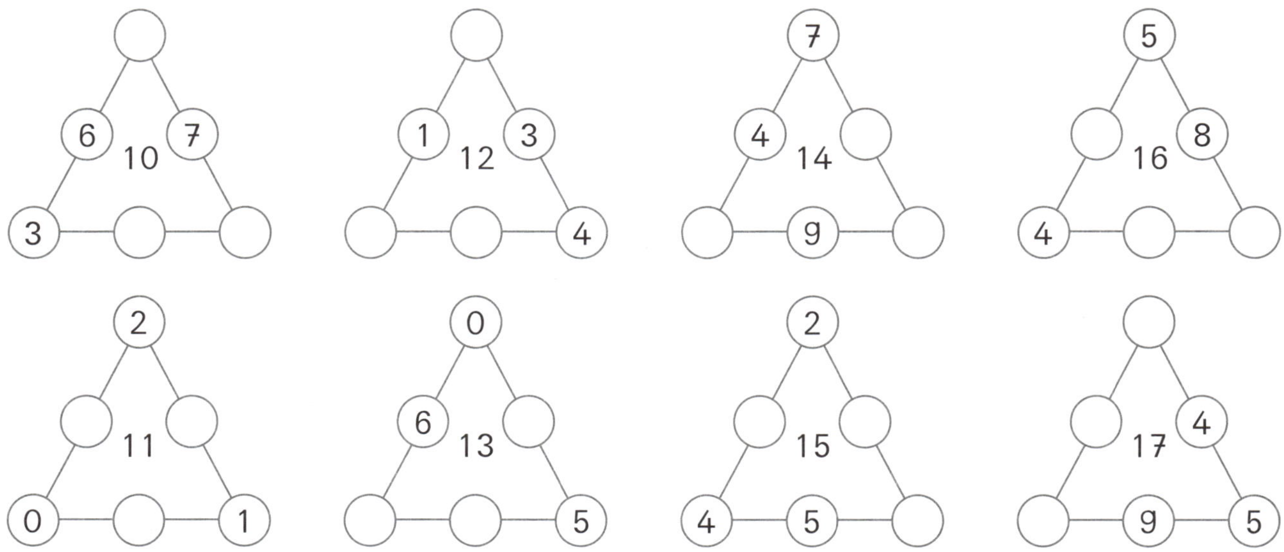


**2**

Löse durch Probieren.

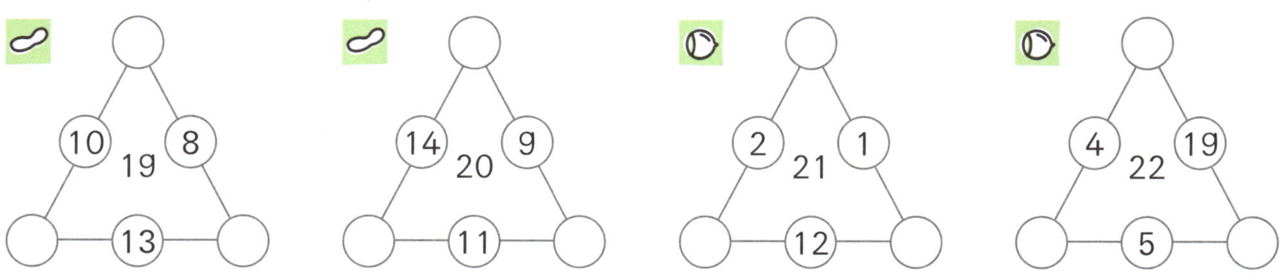


**3**

| | | |
|---|---|---|
| | | |
| | | |
| 5 | 6 | 2 |

| | | |
|---|---|---|
| | | |
| | | |
| 3 | 4 | 8 |

| | | |
|---|---|---|
| | 20 | |
| | 7 | |
| | | 1 |

| | | |
|---|---|---|
| | 12 | |
| 6 | | |
| 2 | | |

| | | |
|---|---|---|
| | | |
| 12 | | |
| | 7 | 1 |

| | | |
|---|---|---|
| | | |
| | 8 | |
| 4 | 3 | |

| | | |
|---|---|---|
| | 18 | |
| 8 | | |
| | 2 | |

| | | |
|---|---|---|
| | 13 | |
| | 5 | |
| | 2 | |

**4**

Triff die 16.

| | | |
|---|---|---|
| | 16 | |
| | | |
| 3 | | 1 |

| | | |
|---|---|---|
| | 16 | |
| | | |
| 6 | | 2 |

| | | |
|---|---|---|
| | 16 | |
| | | |
| 0 | | 10 |

| | | |
|---|---|---|
| | 16 | |
| | | |
| | 5 | |

| | | |
|---|---|---|
| | 16 | |
| | | |
| | 5 | |

| | | |
|---|---|---|
| | 16 | |
| | | |
| | 5 | |

Finde hier verschiedene Lösungen.

**1**

siebzig zehn achtzig

zwanzig 20 60 100 sechzig

70 50 30

10 40 dreißig

neunzig 90 80

vierzig fünfzig einhundert

**2**

Setze <, > oder = ein.

| a) | b) | c) | d) | e) |
|---|---|---|---|---|
| 50 < 70 | 60 ◯ 60 | 40 ◯ 40 | 90 ◯ 80 | 20 ◯ 40 |
| 60 ◯ 70 | 60 ◯ 40 | 40 ◯ 50 | 80 ◯ 90 | 40 ◯ 20 |
| 70 ◯ 70 | 40 ◯ 60 | 50 ◯ 40 | 90 ◯ 90 | 20 ◯ 20 |
| 80 ◯ 70 | 60 ◯ 70 | 50 ◯ 50 | 80 ◯ 80 | 20 ◯ 10 |

**3**

a)
4 + 3 = ___
40 + 30 = ___

2 + 6 = ___
20 + 60 = ___

4 + 4 = ___
40 + ___ = ___

3 + 4 = ___
___ + ___ = ___

b)
6 − 2 = ___
60 − 20 = ___

7 − 4 = ___
70 − 40 = ___

8 − 5 = ___
80 − ___ = ___

10 − 1 = ___
___ − ___ = ___

**4**

50
50 + ___
40 + ___
___ + ___
___ + ___
___ + ___
___ + ___

60
60 + ___
50 + ___
___ + ___
___ + ___
___ + ___
___ + ___
___ + ___

**5**

a)
30 + 20 + 40 = ___
10 + 50 + 20 = ___
20 + 40 + 30 = ___

10 20 40 80 90

50 + 30 + ___ = 90
30 + 20 + ___ = 70
30 + 10 + ___ = 80

30 + ___ + 30 = 80
40 + ___ + 10 = 90
50 + ___ + 20 = 80

b)
70 − 20 − 10 = ___
80 − 30 − 50 = ___
90 − 10 − 40 = ___

0 10 30 40 60

80 − 30 − ___ = 40
60 − 10 − ___ = 20
90 − 40 − ___ = 40

80 − ___ − 20 = 30
90 − ___ − 10 = 20
70 − ___ − 20 = 50

12 13

**1**

a)

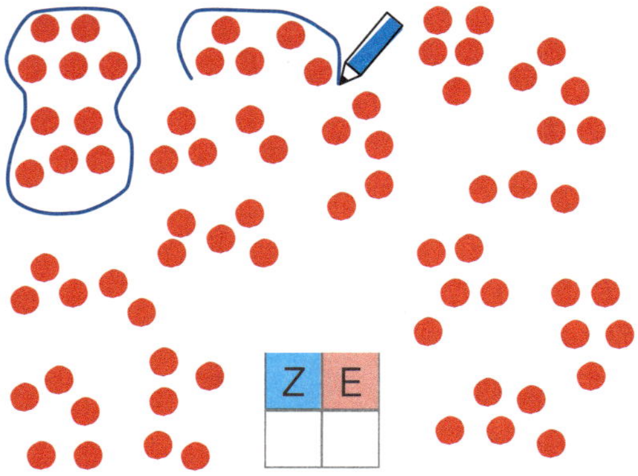

| Z | E |
|---|---|
| | |

b)

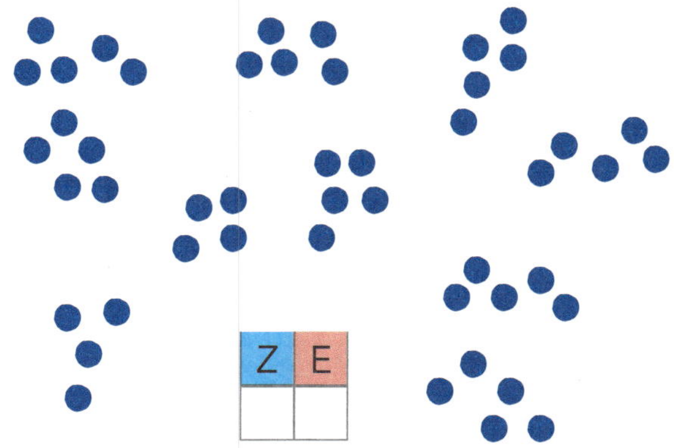

| Z | E |
|---|---|
| | |

**2**

a) achtundzwanzig

| Z | E |
|---|---|
| 2 | 8 |

vierunddreißig

| Z | E |
|---|---|
| | |

dreiundvierzig

| Z | E |
|---|---|
| | |

a) neunundachtzig

| Z | E |
|---|---|
| | |

achtundneunzig

| Z | E |
|---|---|
| | |

sechsundsechzig

| Z | E |
|---|---|
| | |

**3**

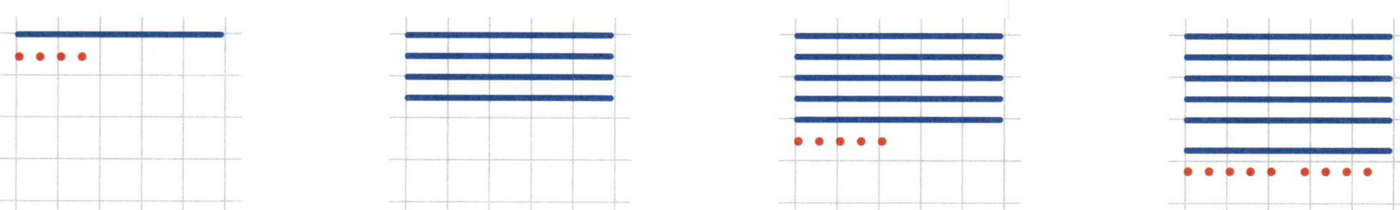

14 | ___ | ___ | ___

**4**

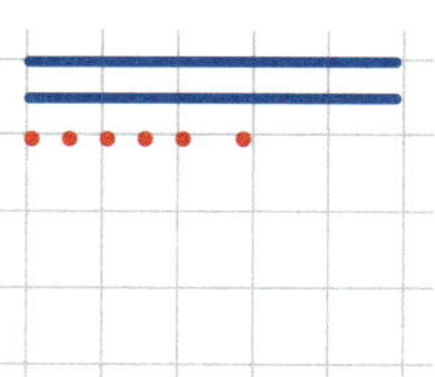

26 | 15 | 39 | 44

73 | 61 | 57 | 90



bis 14 17

**1** Zähle und notiere.

a) von 56 bis 64

56, 57 ____________

von 47 bis 53

____________

von 86 bis 92

____________

b) von 43 bis 37

____________

von 94 bis 88

____________

von 65 bis 59

____________

**2** Setze <, > oder = ein.

| a) | b) | c) | d) | e) |
|---|---|---|---|---|
| 32 > 30 | 9 ○ 57 | 68 ○ 25 | 59 ○ 61 | 70 ○ 2 |
| 32 ○ 31 | 14 ○ 41 | 100 ○ 99 | 0 ○ 42 | 90 ○ 91 |
| 32 ○ 32 | 57 ○ 9 | 83 ○ 83 | 66 ○ 88 | 73 ○ 27 |
| 32 ○ 33 | 41 ○ 14 | 93 ○ 89 | 55 ○ 44 | 37 ○ 37 |

**3** Ordne der Größe nach.

| | | | | | | | |
|---|---|---|---|---|---|---|---|
| a) | 49 | 17 | 63 | 36 | 24 | 31 | 17, |
| b) | 27 | 39 | 93 | 72 | 18 | 88 | |
| c) | 45 | 98 | 89 | 34 | 67 | 43 | |
| d) | 61 | 16 | 99 | 97 | 93 | 66 | |

**4** Starte bei 60. Zähle rückwärts und verbinde die Zahlen in der richtigen Reihenfolge.

**1** Trage in die Hundertertafel ein:

a) ~~50~~, 80, 20, 30, 90, 70

b) 11, 44, 55, 66, 77, 99

c) 6, 16, 36, 23, 71, 61

d) 56, 72, 63, 37, 93, 15

e) 47, 85, 96, 17, 69, 97

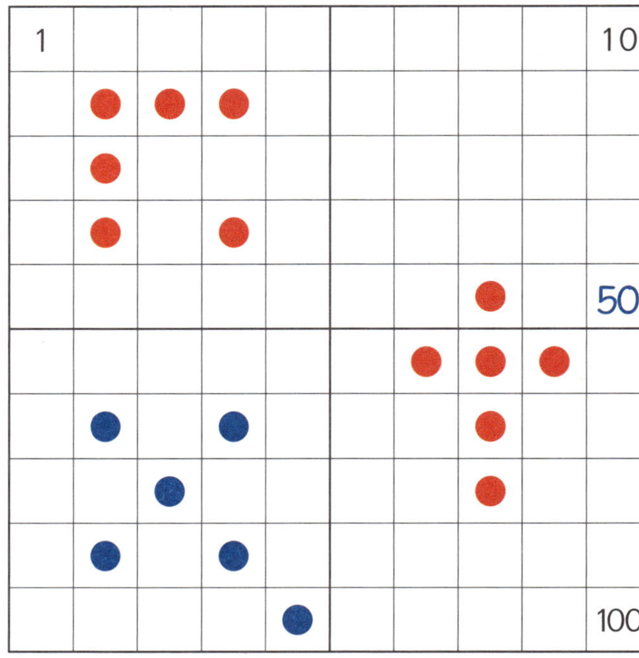


**2** Welche Zahlen sind verdeckt?

___, ___, ___, ___, ___, ___

___, ___, ___, ___, ___, ___

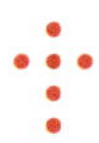
___, ___, ___, ___, ___, ___

**3** Welche Zahlen sind es?

a) 2. Zeile, 5. Spalte: 15

b) 6. Zeile, 1. Spalte: ___

c) 3. Zeile, 6. Spalte: ___

d) 10. Zeile, 2. Spalte: ___

e) 7. Zeile, 8. Spalte: ___

f) 4. Zeile, 4. Spalte: ___

**4** Ergänze die fehlenden Zahlen.

| | | | |
|---|---|---|---|
| 12 | 13 | 14 | |

| | | | |
|---|---|---|---|
| | | 47 | |

| | | | |
|---|---|---|---|
| | | | 99 |

| |
|---|
| 24 |
| 34 |
| |
| |
| |

| |
|---|
| |
| |
| 52 |
| |
| |

**5**

| | | |
|---|---|---|
| | 25 | |
| 34 | 35 | |
| | | |

| | | |
|---|---|---|
| | | |
| | 67 | |
| | | |

| | | |
|---|---|---|
| | | |
| | 29 | |
| | | |

| | | |
|---|---|---|
| | | |
| | 82 | |
| | | |

| | | |
|---|---|---|
| | | |
| | 58 | |
| | | |

| | | |
|---|---|---|
| | 37 | |
| | | |
| | | |
| 66 | | |
| | | |

| | | |
|---|---|---|
| 1 | | 3 |
| | | |
| | | |
| | | |
| 41 | | 43 |

| | | |
|---|---|---|
| 55 | | 57 |
| 65 | | |
| | | |
| | | |
| | | |

| | | |
|---|---|---|
| 18 | | |
| | | |
| | | |
| | | |
| | | |


19 20

**1**

13 → ☐

| | | | | | | | | | |
|---|---|---|---|---|---|---|---|---|---|
| 1 | 2 | 3 | 4 | 5 | 6 | 7 | 8 | 9 | 10 |
| 11 | | 13 → | | | ☐ | | | | 20 |
| 21 | | | | | | | | | 30 |
| 31 | | | | | | | | | 40 |
| 41 | | | | | | | | | 50 |
| 51 | | | | | | | | | 60 |
| 61 | | | | | | | | | 70 |
| 71 | | | | | | | | | 80 |

31 → ☐

52 → ☐

☐ ← 87

☐ ← 67

45 ↓ ☐

66 ↓ ☐

☐ ↓ 94

☐ ↓ 89

**2**

Springe auf der Hundertertafel:

64 4 Felder nach rechts ☐

17 4 Felder nach links ☐

99 8 Felder nach links ☐

48 3 Felder nach unten ☐

56 4 Felder nach oben ☐

73 5 Felder nach oben ☐

35 3 Felder nach unten, 2 Felder nach links, 1 Feld nach oben, 5 Felder nach rechts ☐

72 4 Felder nach rechts, 4 Felder nach oben, 2 Felder nach links, 1 Feld nach unten ☐

**3**

Wie kannst du springen?

14 → 37 ____ Felder nach ____________, ____ Felder nach ____________.

68 → 95 ____ Felder nach ____________, ____ Felder nach ____________.

80 → 56 ____ Felder nach ____________, ____ Felder nach ____________.

53 → 29 ____ Felder nach ____________, ____ Felder nach ____________.

**4**

Trage alle Zahlen ein, auf denen du landen kannst.

a) Springe immer 2 Felder weit.

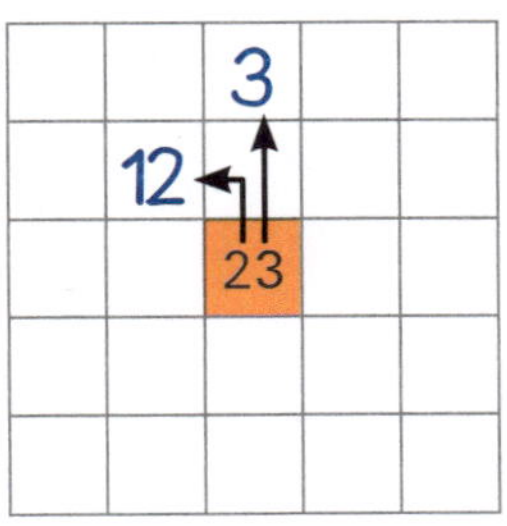

b) Springe immer 3 Felder weit.

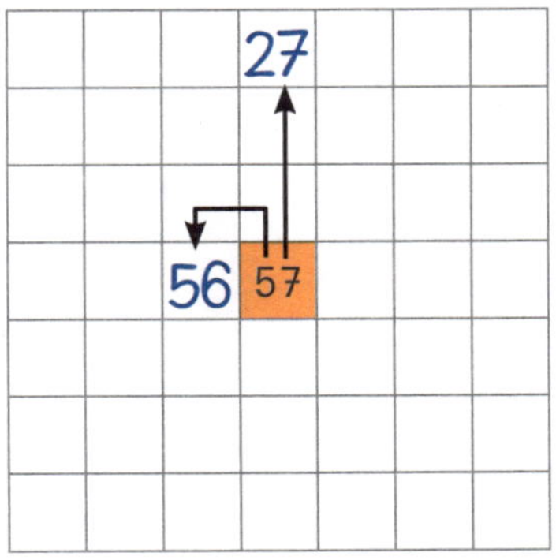

**1** Hier fehlen noch Striche für Zehnerzahlen.
Zeichne die Striche möglichst genau ein und ordne die Zahlen zu.

10 ___ ___ ___ ___

**2**

17 23 39 51 66 78 85 94

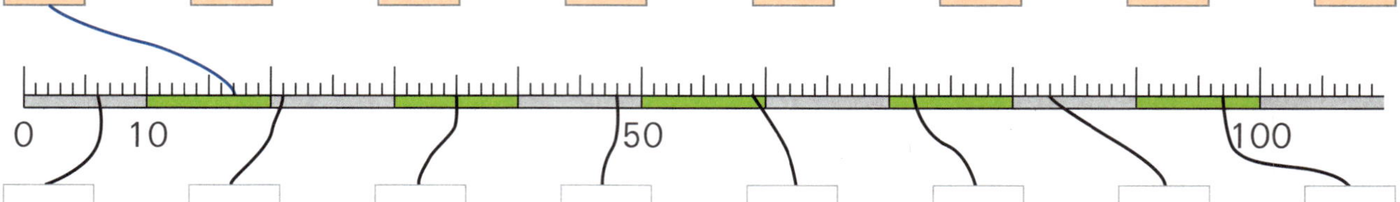


___ ___ ___ ___ ___ ___ ___ ___

**3** Auf dem Zahlenstrahl sind die Striche für die Zahlen 14, 50, 27, 96, 33, 45, 80 und 68 gezeichnet. Ordne die Zahlen zu.

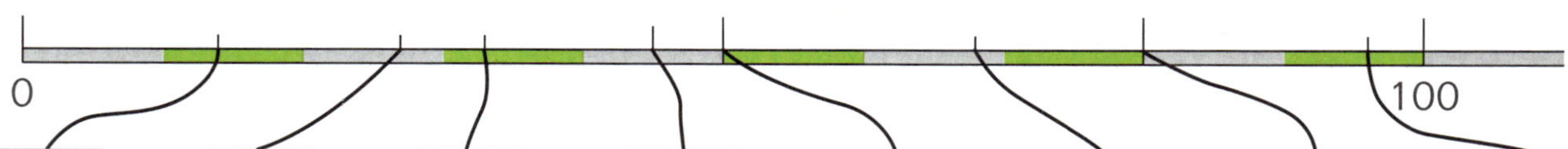


14 ___ ___ ___ ___ ___ ___ ___

**4**

a)

| V | ↓ | N |
|---|---|---|
| 23 | 24 | 25 |
| | 53 | |
| | 69 | |
| | 96 | |

b)

| V | ↓ | N |
|---|---|---|
| 35 | | |
| 74 | | |
| 38 | | |
| 89 | | |

c)

| V | ↓ | N |
|---|---|---|
| | | 22 |
| | | 34 |
| | | 41 |
| | | 80 |

d)

| V | ↓ | N |
|---|---|---|
| 13 | 14 | 15 |
| 25 | 26 | 27 |
| 48 | 49 | 50 |
| | 99 | |

**5**

a)

| NZ | ↓ | NZ |
|---|---|---|
| 40 | 43 | 50 |
| 60 | 62 | 70 |
| | 77 | |
| | 81 | |

b)

| NZ | ↓ | NZ |
|---|---|---|
| 20 | 27 | 30 |
| | 48 | |
| 40 | | 50 |
| | 39 | |

c)

| NZ | ↓ | NZ |
|---|---|---|
| 10 | | |
| | | 60 |
| 90 | | |
| | | 50 |

d)

| NZ | ↓ | NZ |
|---|---|---|
| 30 | | |
| | | 50 |
| 70 | | |
| | | 100 |

**1** Wie viel Geld hat jedes Kind? Zeichne und rechne.

| |  |  |  | | Betrag |
|---|---|---|---|---|---|
| Marie | 1 | 1 | 2 | 50 20 10 10 | 90 € |
| Jonas | – | 1 | 5 | | |
| Conny | 1 | 1 | – | | |
| Max | – | 1 | 4 | | |

Wer hat die meisten Scheine? ______

Wer hat das meiste Geld? ______

**2**

a)
40 € + 20 € = 60 €
10 € + 80 € = ______
30 € + 50 € = ______
70 € + 30 € = ______
40 € + 40 € = ______

b)
50 € – 40 € = ______
90 € – 30 € = ______
80 € – 60 € = ______
90 € – 50 € = ______
100 € – 70 € = ______

c)
30 € + ______ = 60 €
______ + 40 € = 70 €
40 € + ______ = 50 €
______ + 50 € = 90 €
50 € + ______ = 50 €

**3**

a)
10 € + 40 € = 50 €
20 € + ______ = 80 €
30 € + ______ = 90 €
50 € + ______ = 90 €
70 € + ______ = 100 €

b)
50 € – ______ = 20 €
______ – 40 € = 20 €
30 € – ______ = 10 €
______ – 50 € = 10 €
40 € – ______ = 20 €

c)
______ – ______ = 50 €
______ – ______ = 40 €
______ – ______ = 60 €
______ – ______ = 80 €
______ – ______ = 70 €

**4** Jede Rechnung wird mit einem Schein bezahlt.
Wie viel Euro werden zurück gegeben?

| gekauft | | gegeben | zurück | Kontrolle |
|---|---|---|---|---|
| Shirt: | 30 € | 50 € | ___ € | 30 € + ___ = 50 € |
| Jeans: | 40 € | 100 € | ___ € | ___ + ___ = 100 € |
| Bluse: | 40 € | 50 € | ___ € | ___ + ___ = ___ |
| Hemd: | 50 € | ___ € | ___ € | ___ + ___ = ___ |
| Jacke: | 80 € | ___ € | ___ € | ___ + ___ = ___ |

**1** Lege die Figuren unterschiedlich aus. Trage jeweils die Anzahl ein.

| | |
|---|---|
| □ | 1 |
| △ | 2 |
| ▵ | 0 |
| gesamt | 3 |

| | |
|---|---|
| □ | |
| △ | 3 |
| ▵ | |
| gesamt | |

| | |
|---|---|
| □ | |
| △ | |
| ▵ | 6 |
| gesamt | |

**2**

| | |
|---|---|
| □ | 1 |
| △ | |
| ▵ | |
| gesamt | |

| | |
|---|---|
| □ | |
| △ | |
| ▵ | |
| gesamt | |

| | |
|---|---|
| □ | |
| △ | |
| ▵ | |
| gesamt | |

| | |
|---|---|
| □ | |
| △ | |
| ▵ | |
| gesamt | |

**3**

| | |
|---|---|
| □ | |
| △ | |
| ▵ | |
| gesamt | |

| | |
|---|---|
| □ | |
| △ | |
| ▵ | |
| gesamt | |

| | |
|---|---|
| □ | |
| △ | |
| ▵ | |
| gesamt | |


26 27

**1** Setze die Muster fort und male sie an. Zeichne eigene Muster.

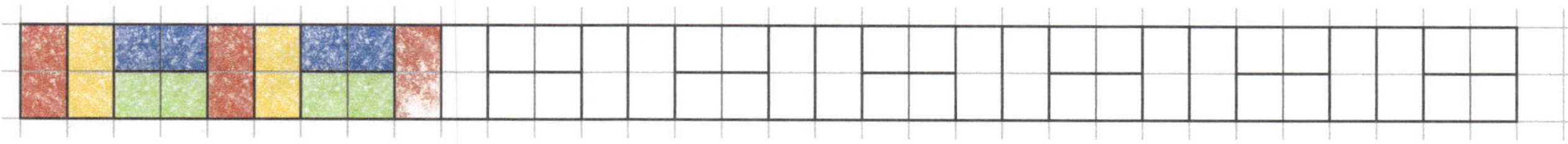

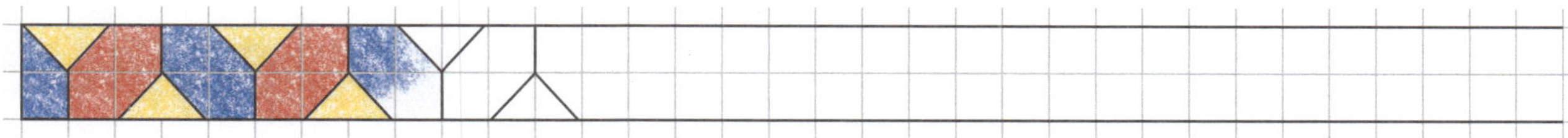

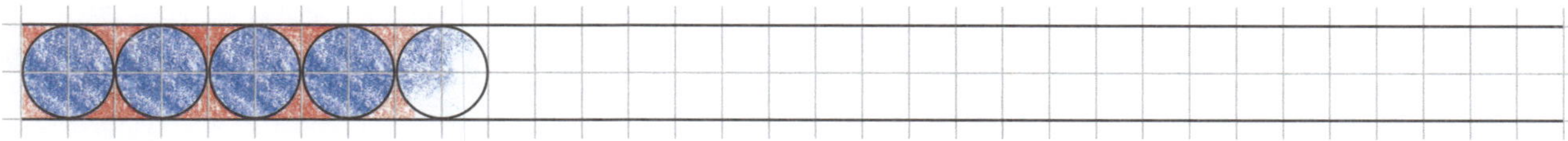

**2**

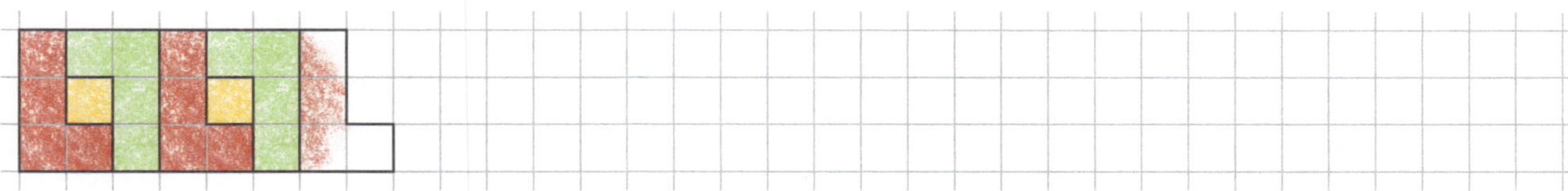

Zeichne ein eigenes Muster.

**3** Setze die Muster fort und male sie an.

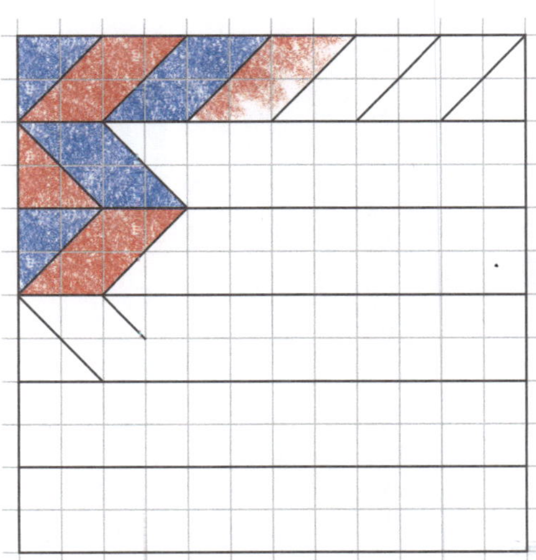

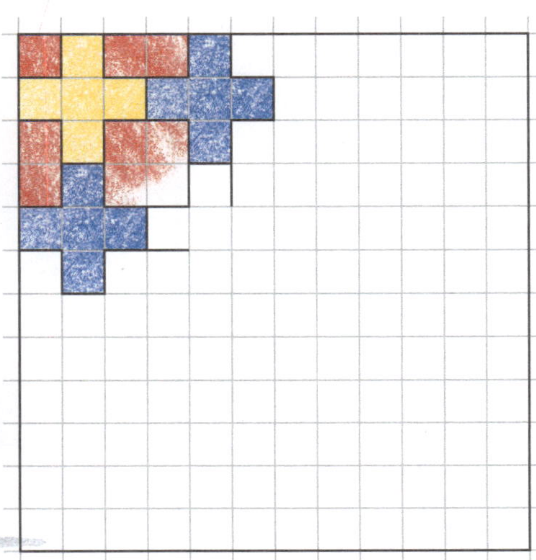

**1** Achte auf die Einer. Welche Aufgaben gehören zusammen?
Schreibe jeweils noch eine passende Aufgabe dazu.

3 + 4 = 7
23 + 4 = ___
___ + ___ = ___
___ + ___ = ___
___ + ___ = ___

7 + 2 = ___
___ + ___ = ___
___ + ___ = ___
___ + ___ = ___
___ + ___ = ___

| | | |
|---|---|---|
| ~~23 + 4~~ | 27 + 2 | 38 − 5 |
| 29 − 6 | 43 + 4 | 57 + 2 |
| 18 − 5 | 93 + 4 | 69 − 6 |
| 77 + 2 | 98 − 5 | 89 − 6 |

8 − 5 = ___
___ − ___ = ___
___ − ___ = ___
___ − ___ = ___
___ − ___ = ___

9 − 6 = ___
___ − ___ = ___
___ − ___ = ___
___ − ___ = ___
___ − ___ = ___

**2**

a)

| + | 5 | 4 | 1 | 3 | 6 |
|---|---|---|---|---|---|
| 54 | | | | | |
| 52 | | | | | |
| 51 | | | | | |

b)

| − | 7 | 5 | 3 | 4 | 6 |
|---|---|---|---|---|---|
| 98 | | | | | |
| 97 | | | | | |
| 99 | | | | | |

c)

| + | 2 | 4 | 3 | 0 | |
|---|---|---|---|---|---|
| 32 | | | | | |
| 34 | | | | | 35 |
| | | | 34 | | |

d)

| − | 3 | 6 | 0 | | 4 |
|---|---|---|---|---|---|
| 79 | | | | | |
| 76 | | | | 75 | |
| | | | 78 | | |

**3** Hüpf im Päckchen.

41 + 8 = 49
49 − 7 = 42
43 + 4 = ___
45 + 3 = ___
47 − 3 = ___
42 + 3 = 45
48 − 5 = ___
Ziel: 44

81 + 4 = ___
82 − 1 = ___
83 + 3 = ___
81 + 7 = ___
86 − 5 = ___
85 − 3 = ___
88 − 5 = ___
Ziel: 81

62 + 6 = ___
61 + 3 = ___
63 + 6 = ___
64 + 3 = ___
68 − 5 = ___
67 − 7 = ___
69 − 8 = ___
Ziel: 60


30

**1**

| a) | b) | c) | d) |
|---|---|---|---|
| 23 + 7 = ___ | 55 + 5 = ___ | 60 − 4 = ___ | 90 − 7 = ___ |
| 34 + 6 = ___ | 66 + 4 = ___ | 80 − 5 = ___ | 40 − 9 = ___ |
| 77 + 3 = ___ | 42 + 8 = ___ | 50 − 3 = ___ | 50 − 2 = ___ |
| 68 + 2 = ___ | 91 + 9 = ___ | 20 − 6 = ___ | 100 − 8 = ___ |
| 89 + 1 = ___ | 70 + 0 = ___ | 70 − 7 = ___ | 80 − 0 = ___ |

**2**

| a) | b) | c) | d) |
|---|---|---|---|
| 34 + ___ = 40 | 83 + ___ = 90 | 50 − ___ = 42 | 100 − ___ = 98 |
| 56 + ___ = 60 | 67 + ___ = 70 | 60 − ___ = 55 | 40 − ___ = 34 |
| 65 + ___ = 70 | 36 + ___ = 40 | 90 − ___ = 81 | 30 − ___ = 23 |
| 25 + ___ = 30 | 71 + ___ = 80 | 70 − ___ = 66 | 80 − ___ = 77 |
| 77 + ___ = 80 | 92 + ___ = 100 | 40 − ___ = 33 | 50 − ___ = 49 |

**3**

a)

| − | 2 | 4 | 6 | 7 | 9 |
|---|---|---|---|---|---|
| 20 | | | | | |
| 80 | | | | | |
| 30 | | | | | |

b)

| − | 3 | 7 | 8 | 1 | 5 |
|---|---|---|---|---|---|
| 60 | | | | | |
| 40 | | | | | |
| 100 | | | | | |

c)

| − | 3 | | 8 | 6 | |
|---|---|---|---|---|---|
| 60 | | 55 | | | |
| 70 | | | | | 66 |
| 80 | | | | | |

d)

| − | 2 | 7 | | 9 | |
|---|---|---|---|---|---|
| 50 | | | | | |
| 90 | | | 89 | | |
| 100 | | | | | 100 |

**4**

a)

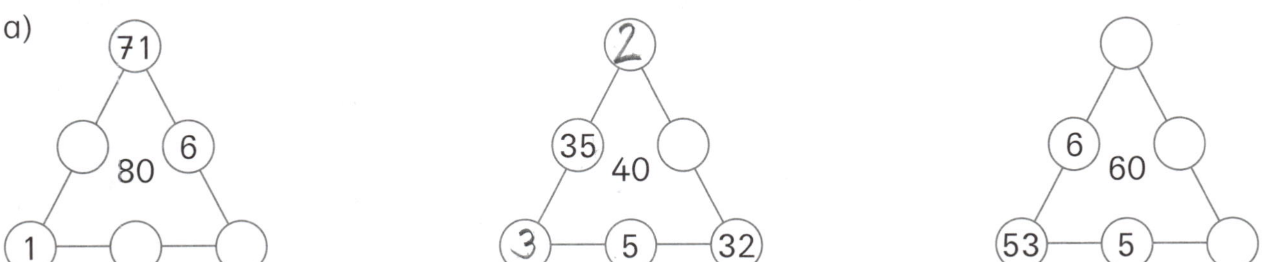

b)

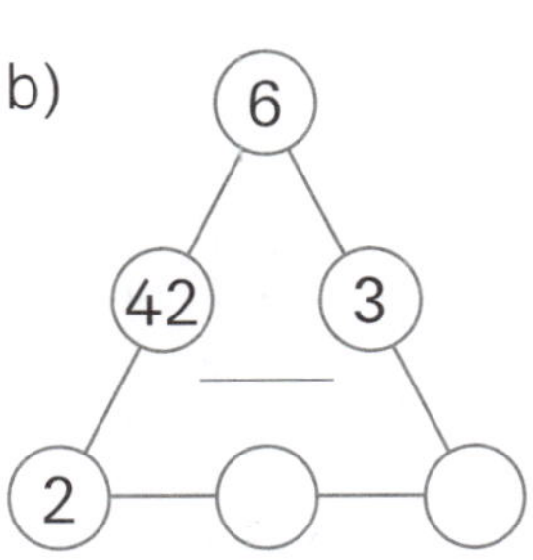


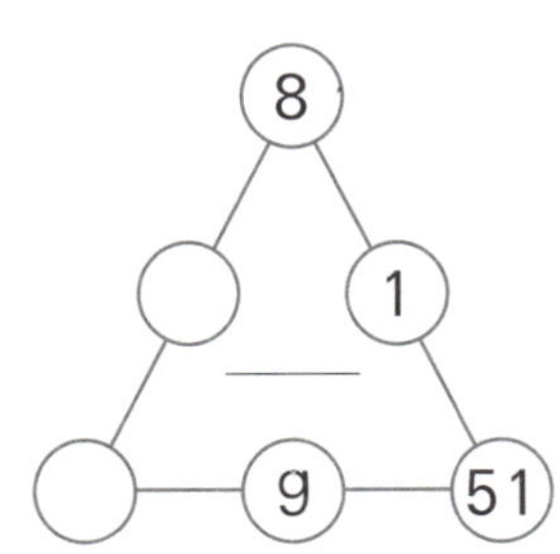

**1**

26 + 9    37 + 8    79 + 5    65 + 7

26 + 9 =

68 + 4    46 + 9    26 + 8    25 + 9

**2**

64 + 8    29 + 5    ___ + ___    74 + 9    49 + 6    6 + 75 + 2

7 + 21 + 6    28 + 6    ___ + ___ + ___    47 + 8    66 + 6

8 + 43 + 4    27 + 7    67 + 5    9 + 54 + 9

**3**

a)

| | | | |
|---|---|---|---|
| 5 + 4 | | | |
| +   + | + | | |
| 47 + 8 | | | |
| + | | | |

| | | |
|---|---|---|
| 1 + 0 | | |
| +   + | + | |
| 7 + 66 | | |
| + | | |

| | | |
|---|---|---|
| 3 + 5 | | |
| +   + | + | |
| 6 + 57 | | |
| + | | |

b) Fehlersuche: Welche Zahl stimmt nicht? Korrigiere sie.

| | |
|---|---|
| 47 + 2 | 49 |
| +   + | + |
| 4 + 0 | 4 |
| 52 + 2 | 53 |

| | |
|---|---|
| 29 + 5 | 34 |
| +   + | + |
| 4 + 4 | 8 |
| 33 + 9 | 41 |

f)

| | |
|---|---|
| 65 + 7 | 73 |
| +   + | + |
| 9 + 1 | 10 |
| 75 + 8 | 83 |



32

**1**

54 − 6 | 36 − 9 | 93 − 7 | 65 − 8

54 − 6 =

72 − 7 | 44 − 6 | 53 − 4 | 92 − 6

**2**

95 − 9 | ___ − ___ | 57 − 8 | 58 − 9 | 55 − 6 | 82 − 9 − 8

61 − 6 − 6 | 73 − 8 | 94 − 8 | 91 − 5 | 48 − 4 − 6 | 44 − 6

___ − ___ − ___ | 71 − 6

93 − 0 − 7 | 46 − 8

**3**

a)

| | | |
|---|---|---|
| | + 2 | 6 |
| | + 5 | 53 |

| | | |
|---|---|---|
| | + 4 | 9 |
| | + 7 | 95 |

| | | |
|---|---|---|
| | + 3 | 8 |
| | + 12 | 84 |

b)

| | | |
|---|---|---|
| 9 | | 13 |
| | | |
| 41 | | 63 |

| | | |
|---|---|---|
| | | 8 |
| 35 | | 43 |
| 42 | | |

| | | |
|---|---|---|
| 6 | | 9 |
| | | 74 |
| 74 | | |

# Übungen am Zahlenstrahl

**1** Zeichne die Pfeile ein und rechne.

a) 35 + 7 = ____
46 + 8 = ____

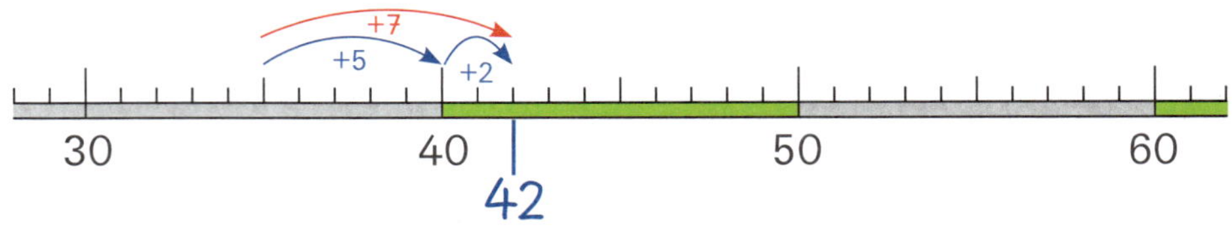


b) 47 + 9 = ____
68 + 6 = ____

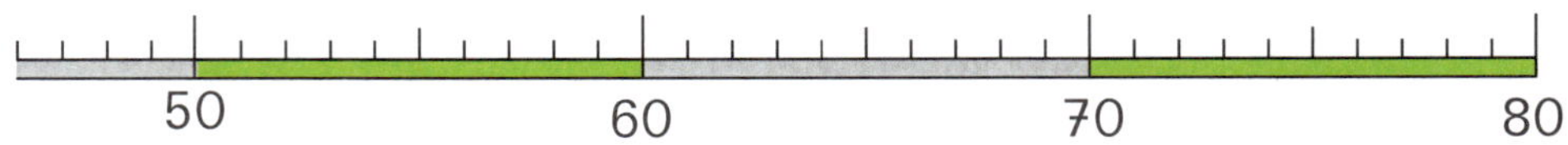


c) 36 − 9 = ____
54 − 8 = ____

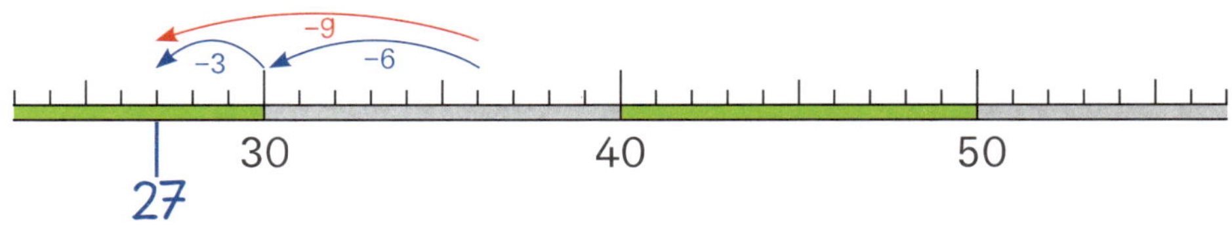


d) 93 − 7 = ____
75 − 9 = ____

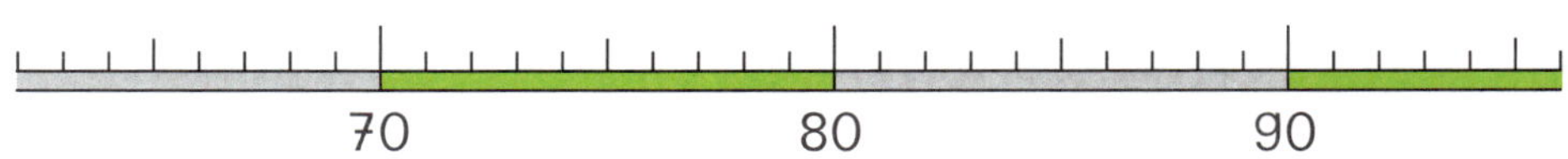


**2** Löse mit dem Zahlenstrahl.

| a) | b) | c) | d) |
|---|---|---|---|
| 39 + 3 = ____ | 41 − 5 = ____ | 26 + ____ = 34 | 33 − ____ = 27 |
| 48 + 5 = ____ | 63 − 7 = ____ | 48 + ____ = 51 | 45 − ____ = 39 |
| 75 + 9 = ____ | 72 − 6 = ____ | 66 + ____ = 75 | 74 − ____ = 65 |
| 87 + 7 = ____ | 94 − 8 = ____ | 87 + ____ = 93 | 82 − ____ = 73 |

**3** Zeichne die Pfeile ein und rechne. Setze <, > oder = ein.

a) 29 + 6 (>) 34
48 + 8 ◯ 55

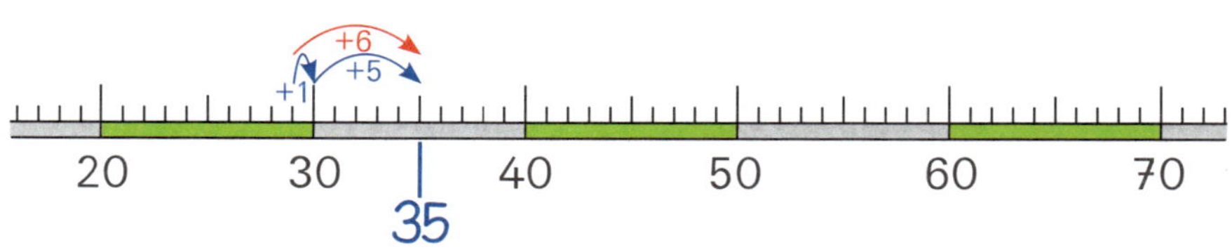


b) 62 − 5 ◯ 55
94 − 9 ◯ 86

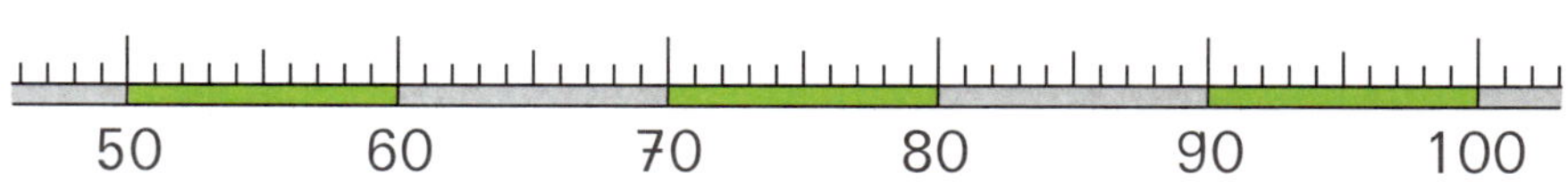


**4** Setze <, > oder = ein.

| a) | b) | c) | d) |
|---|---|---|---|
| 18 + 8 ◯ 26 | 39 + 6 ◯ 47 | 26 − 8 ◯ 17 | 81 − 6 ◯ 76 |
| 46 + 9 ◯ 54 | 78 + 7 ◯ 85 | 45 − 7 ◯ 39 | 93 − 8 ◯ 84 |
| 69 + 3 ◯ 71 | 89 + 4 ◯ 94 | 73 − 5 ◯ 67 | 65 − 9 ◯ 55 |
| 27 + 7 ◯ 35 | 55 + 6 ◯ 63 | 62 − 8 ◯ 55 | 36 − 7 ◯ 28 |

**1**

| a) | b) | c) | d) |
|---|---|---|---|
| 68 + 30 = ____ | 60 + 34 = ____ | 38 − 20 = ____ | 99 − 80 = ____ |
| 43 + 40 = ____ | 50 + 28 = ____ | 84 − 80 = ____ | 88 − 60 = ____ |
| 27 + 50 = ____ | 70 + 15 = ____ | 66 − 50 = ____ | 77 − 40 = ____ |
| 34 + 20 = ____ | 40 + 33 = ____ | 98 − 70 = ____ | 66 − 20 = ____ |
| 16 + 80 = ____ | 20 + 57 = ____ | 45 − 20 = ____ | 55 − 0 = ____ |

**2**

52 + 20 = ...

| + 20 | |
|---|---|
| 52 | 72 |
| 22 | 42 |
| 32 | |
| 72 | |
| 62 | |

| − 30 | |
|---|---|
| 49 | |
| 79 | |
| 59 | |
| 89 | |
| 99 | |

| − 50 | |
|---|---|
| | 14 |
| 94 | |
| | 4 |
| 84 | |
| | 24 |

**3**

a)

| | | |
|---|---|---|
| 24 + 20 | | 44 |
| + + | | + |
| 30 + 10 | | 40 |
| 54 + | | |

| | | |
|---|---|---|
| 59 + 10 | | |
| + + | | + |
| 20 + 10 | | |
| + | | |

| | | |
|---|---|---|
| + 16 | | 46 |
| + + | | + |
| 30 + 20 | | |
| + | | |

b)

| | | |
|---|---|---|
| 45 + | | 60 |
| + + | | + |
| + | | |
| 50 + | | 90 |

| | | |
|---|---|---|
| + 13 | | |
| + + | | + |
| 23 + | | |
| + 43 | | 73 |

| | | |
|---|---|---|
| 5 + | | 9 |
| + + | | + |
| + | | |
| 83 + | | 91 |

**4**

28 + 30 | 86 − 10 | ____ + ____ | 85 − 50 | 66 − 40 + 20

75 − 20 − 20 | ____ − ____ + ____ | 58 − 0 | ____ − ____

____ − ____ | 98 − 40 | 55 − 20 | 96 − 50 | 18 + 60 − 20

38 + 20 | 26 + 60 − 10 | 16 + 60

____ − ____ | 15 + 20 | 86 − 40

**1** Suche Plus- oder Minusaufgaben.
Kreise sie ein und schreibe sie auf.

Es sind 10 Aufgaben.

| | | | | | |
|---|---|---|---|---|---|
| 28 | 3 | 31 | 70 | 84 | 5 |
| 5 | 54 | 10 | 2 | 8 | 93 |
| 33 | 6 | 41 | 29 | 76 | 7 |
| 2 | 60 | 44 | 9 | 53 | 86 |
| 17 | 1 | 85 | 79 | 4 | 75 |

$28 + 3 = 31$ $84 - 8 = 76$

**2** a) Löse durch Probieren.

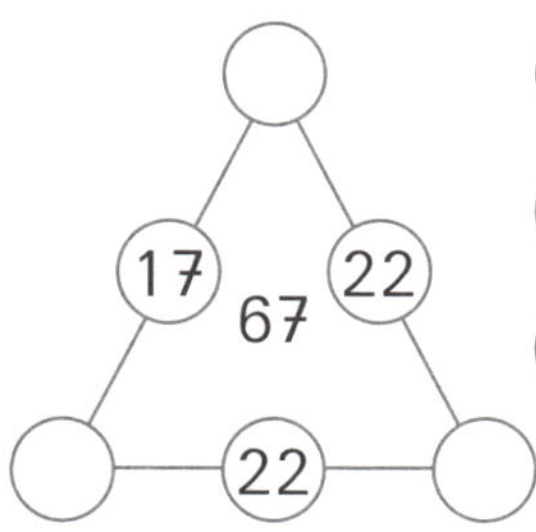


20 23
28 25
25 31

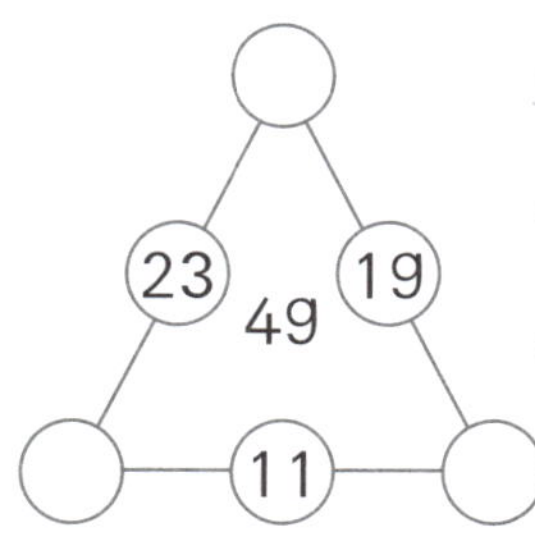


17 23
9 11
18 21

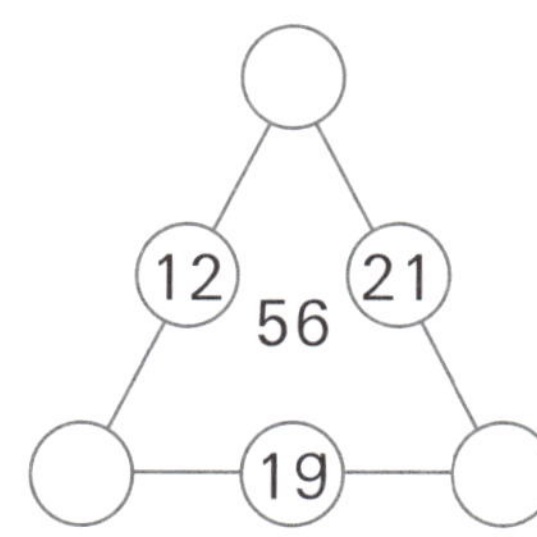


21 25
23 14
16 19

b) Finde verschiedene Möglichkeiten.

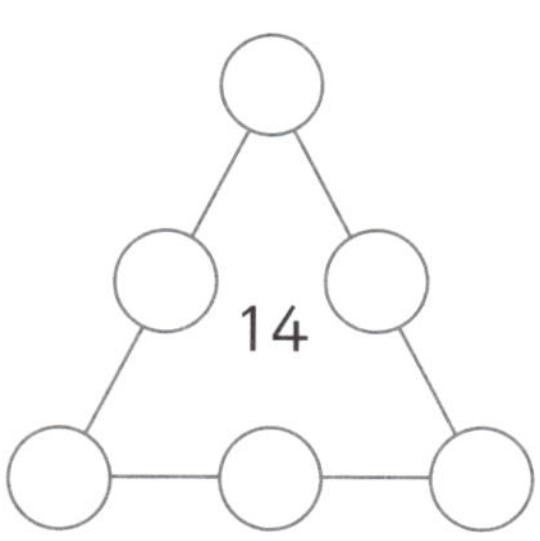


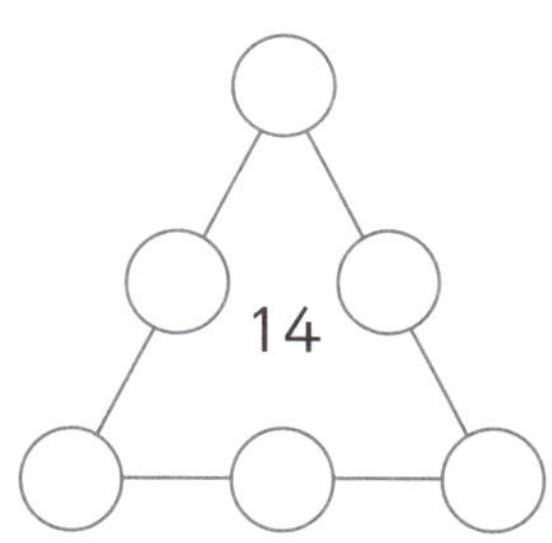


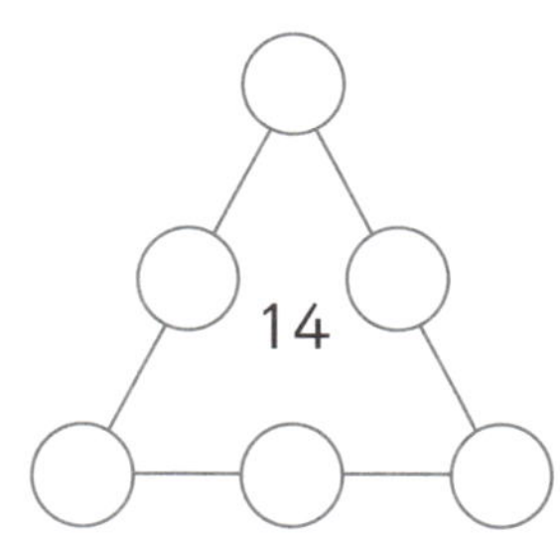


**3** Setze die Zahlenfolgen fort.

| | | | | | | | | | | | |
|---|---|---|---|---|---|---|---|---|---|---|---|
| | | | 23 | 30 | 37 | | 51 | | | | 79 |
| 94 | | | | 70 | 64 | | 52 | | | | 28 |
| 34 | 43 | 40 | | 46 | 55 | 52 | | | | | 73 |
| 66 | 60 | 68 | | 70 | 64 | 72 | | | | | 70 |

**1**

Im Schulbus sind 24 Kinder.
In Thannhausen steigen 8 Kinder ein.

F: Wie viele Kinder sind jetzt im Schulbus?

L:

**2**

Im Schulbus sitzen 24 Mädchen und 14 Jungen.
5 Kinder steigen aus.

F: Wie viele Kinder sitzen noch im Schulbus?

L:

**3**

Der Schulbus kommt mit 26 Kindern an der Haltestelle an.
14 Kinder bleiben im Bus und fahren weiter.

F: Wie viele Kinder sind ausgestiegen?

L:

**4**

Vor der Haltestelle sind 23 Kinder im Schulbus.
11 Kinder steigen aus. Der Bus fährt mit 27 Kindern weiter.

F: Wie viele Kinder sind eingestiegen?

L:

36

**1**

Spielenachmittag:
Wer nimmt woran teil?

| | |
|---|---|
| Brettspiele | ~~IIII~~ III |
| Naturspiele | ~~IIII~~ ~~IIII~~ II |
| Ratespiele | ~~IIII~~ ~~IIII~~ |
| Musiktheater | ~~IIII~~ IIII |
| Sportspiele | ~~IIII~~ ~~IIII~~ I |

Ergänze die Tabelle und übertrage die Informationen aus der Strichliste.

| Brettspiele | Naturspiele | | | |
|---|---|---|---|---|
| | | | | |

**2** ✿

9 Kinder bringen je 1 Ball mit.

3 Jungen stellen je ein Mühlespiel bereit.

In der Schule gibt es 13 Trommeln, 10 Springseile und ein Tau.

Carolin hat bereits 9 Quizbücher und 6 Rätselhefte gesammelt.

12 Kinder wollen mit ihrer Flöte Musik machen.

Ein Lehrer kann 9 Becherlupen besorgen.

David bringt ein Schachspiel von zu Hause mit.

Im Umweltkoffer sind 11 Augenbinden für „Blinde Raupe".

a) Erstelle eine Strichliste.

Ball ~~IIII~~ IIII

b) Fülle die Tabelle aus.

| | |
|---|---|
| Brettspiele | 3 + 1 = |
| Naturspiele | |
| Ratespiele | |
| Musiktheater | |
| Sportspiele | |

**1** Wie lang sind die Tiere? Schätze zuerst, miss dann.

a) 

b) 

c) 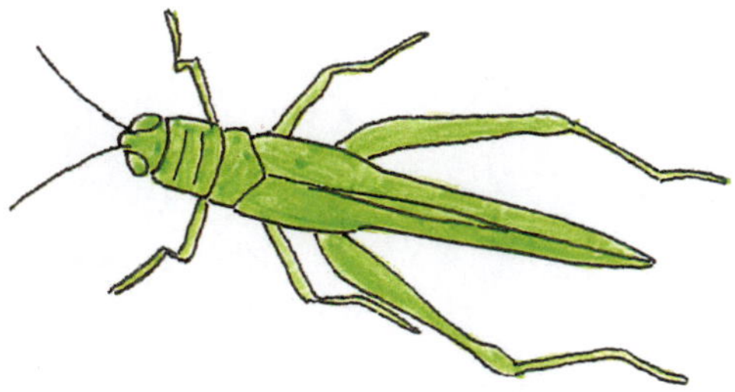

d) 

e) f) 

| | geschätzt | gemessen |
|---|---|---|
| a) | cm | cm |
| b) | | |
| c) | | |
| d) | | |
| e) | | |
| f) | | |

**2** Entdecke das Geheimnis jeder Linie. Setze jeweils um 5 Strecken fort.

a) 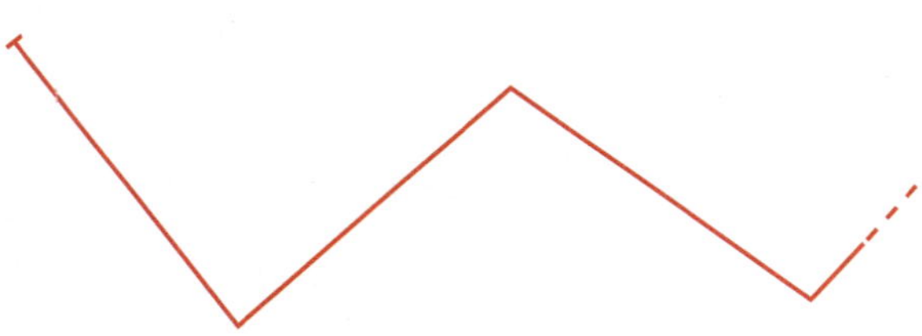

b) 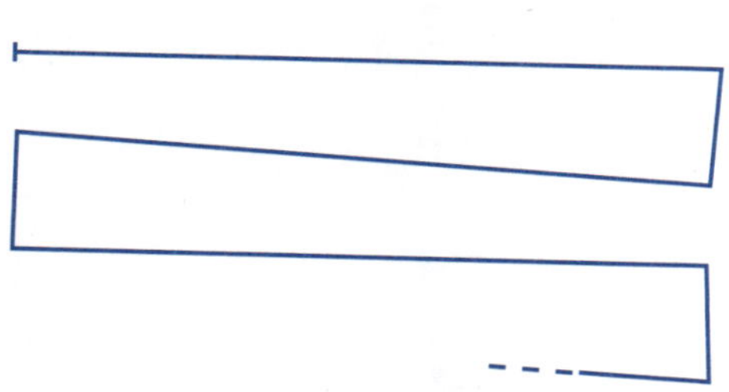

c) 

**1** So weit haben die Jungen der 2a beim Sportfest geworfen. Fülle die Lücken aus.

| Name | 1. Wurf | 2. Wurf | 3. Wurf | Bester Wurf |
|---|---|---|---|---|
| Ali | 14 m | 18 m | 19 m | 19 m |
| Felix | 18 m | ___ m | 19 m | ___ m |
| Igor | ___ m | 11 m | 8 m | ___ m |
| Jan | ___ m | 19 m | 23 m | ___ m |
| Olaf | 17 m | 21 m | 17 m | ___ m |
| Robin | ___ m | 11 m | 16 m | ___ m |

Siegerliste

1. ____________
2. ____________
3. ____________

**2** So weit sind die Mädchen der 2a gesprungen.

a) Kreise jeweils den besseren Sprung ein.

b) Rechne aus, um wie viel der bessere Sprung jeweils weiter war.

Ina: 1 m 51 cm + ___ cm = 1 m 59 cm

| Name | 1. Sprung | 2. Sprung |
|---|---|---|
| Ina | 1 m 51 cm | 1 m 59 cm |
| Jule | 2 m 84 cm | 2 m 90 cm |
| Luisa | 1 m 95 cm | 1 m 80 cm |
| Sara | 2 m 2 cm | 2 m 18 cm |
| Ronja | 2 m 8 cm | 2 m 19 cm |
| Lina | 95 cm | 1 m 45 cm |

Siegerliste

1. ____________
2. ____________
3. ____________

**1** Benenne die Formen, die auf dem Geobrett gespannt sind (Dreieck, Quadrat, Rechteck).

a) 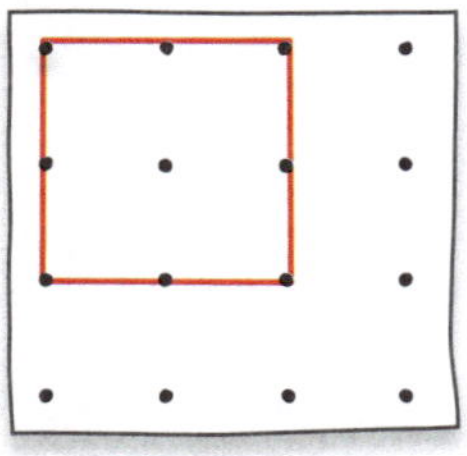

b) 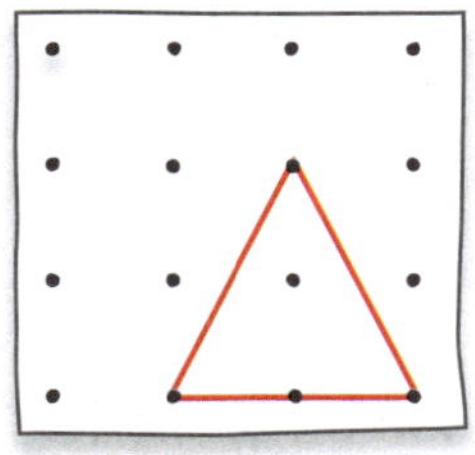

c) 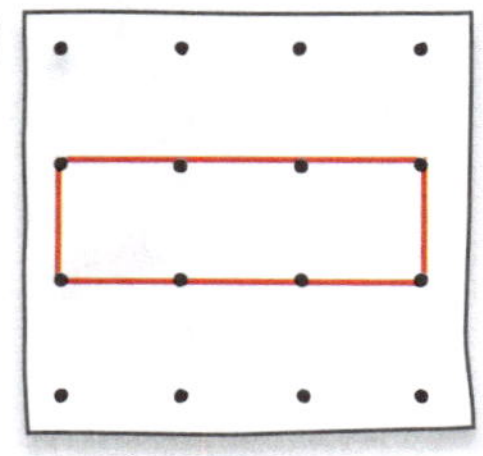

d) 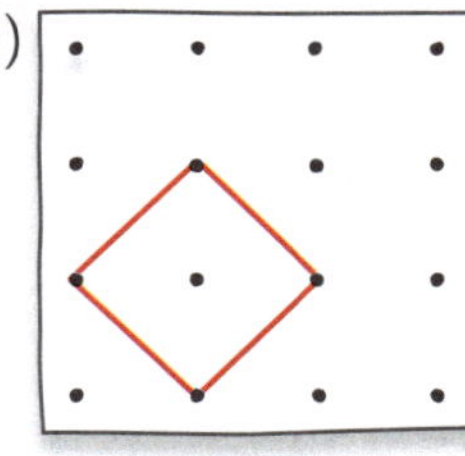

e) 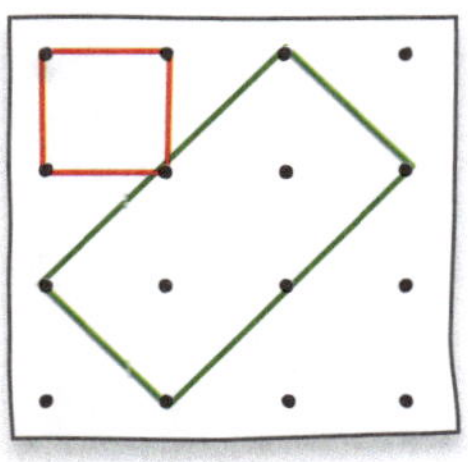

f) 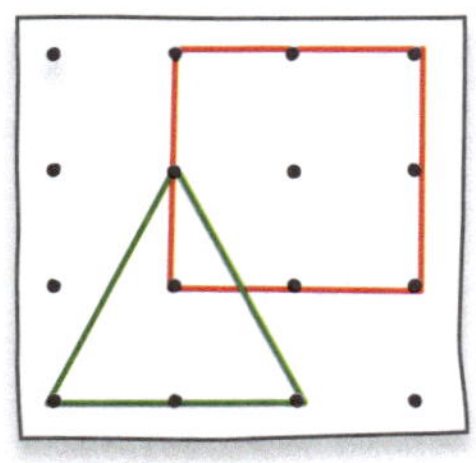

g) 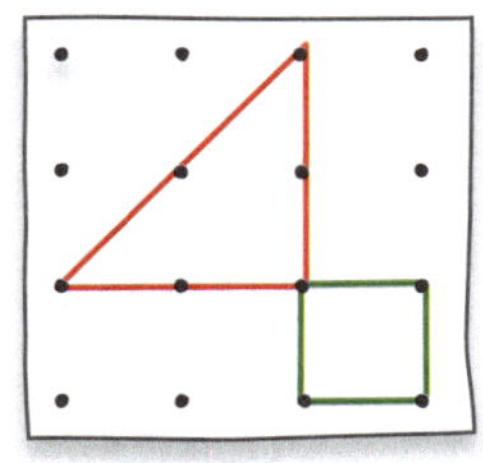

h) 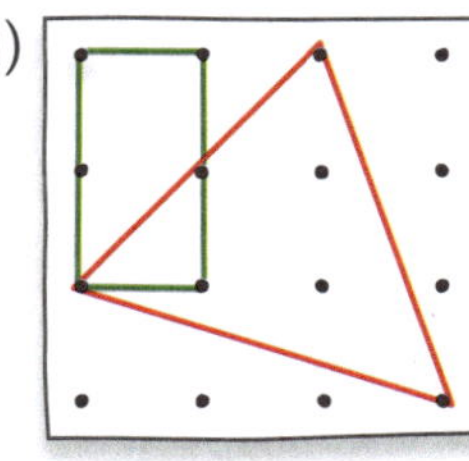

**2** Zeichne achsensymmetrische Figuren.
Spiegele an der gemeinsamen Seite der Geobretter.

a) 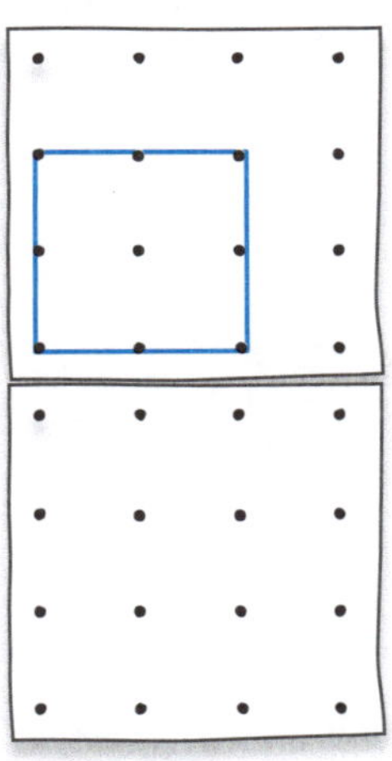

b) 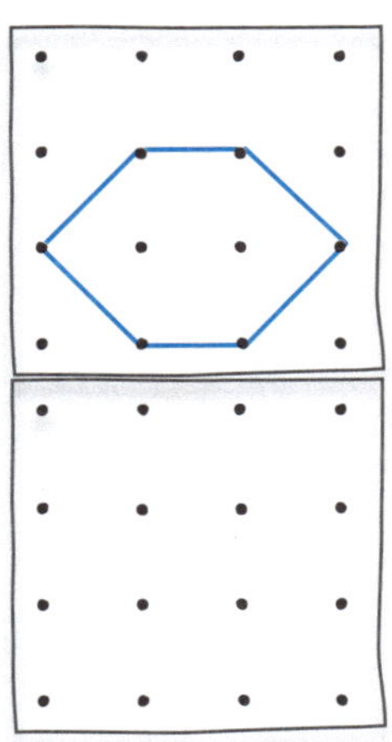

c) 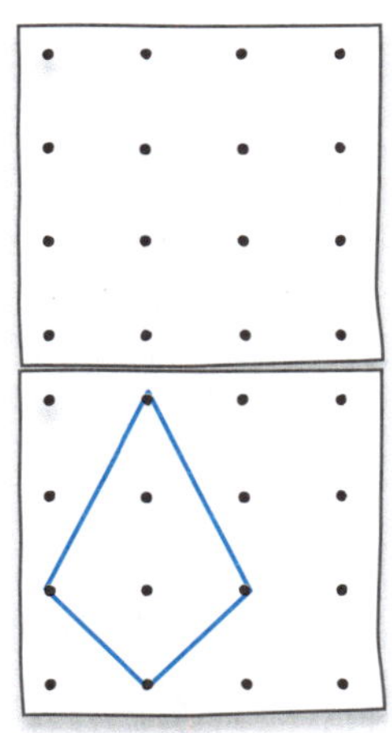

d) 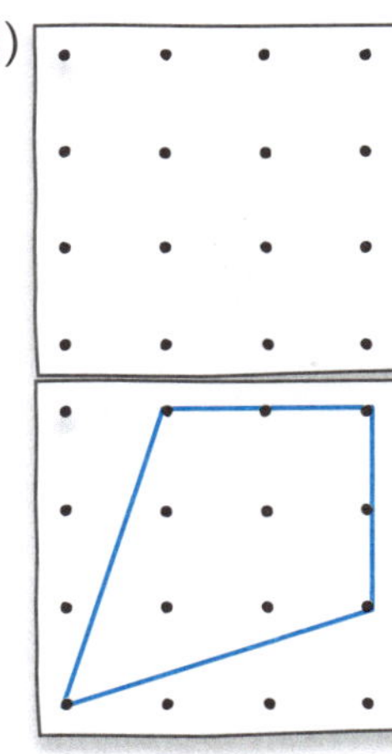

**3** Teile die Figuren in jeweils drei Formen und male diese unterschiedlich an.

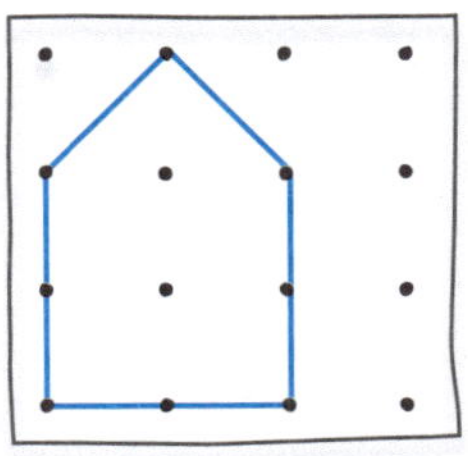

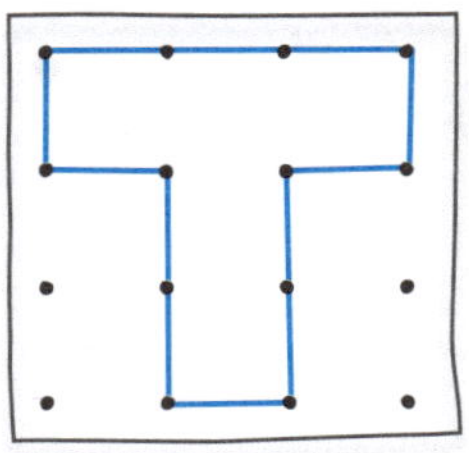

**1**

Wie oft passt das rote Quadrat in die gelben Figuren? Zeichne ein und notiere die Anzahl der Quadrate.

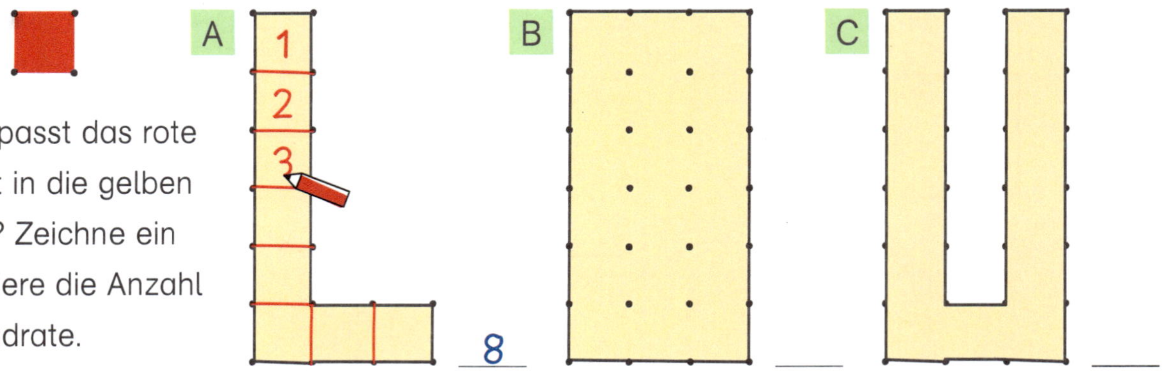


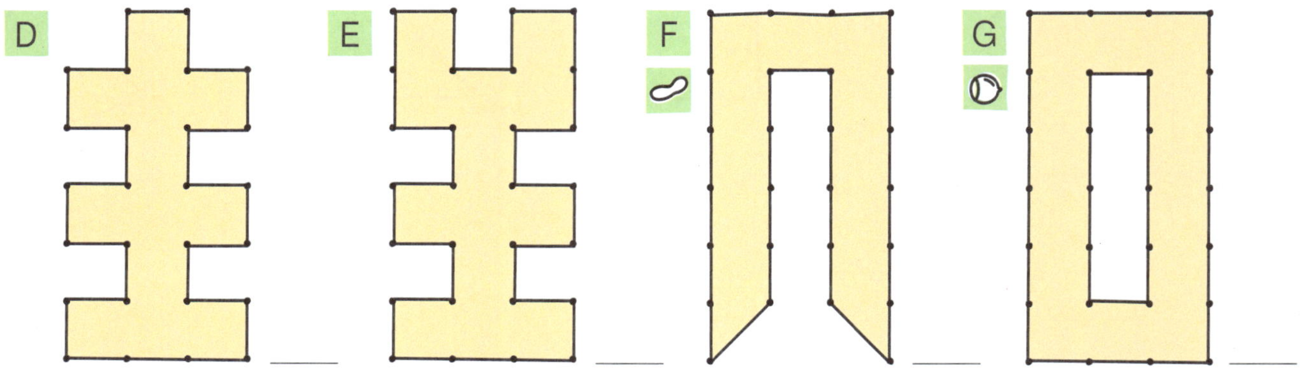


Figur mit dem kleinsten Flächeninhalt: A

Figur mit dem größten Flächeninhalt: ____

Figuren aus 12 Quadraten: ____

Figuren aus 13 Quadraten: ____

**2**

Wie oft passt das rote Dreieck in die gelben Figuren?

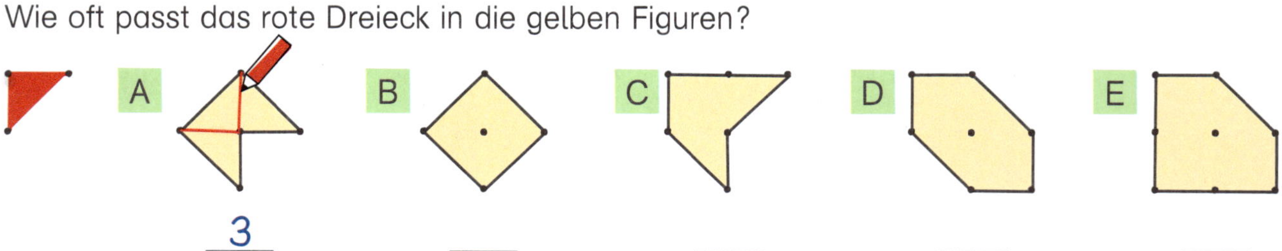


Figur mit dem kleinsten Flächeninhalt: ____

Figur mit dem größten Flächeninhalt: ____

**3**

Zeichne 3 verschiedene Figuren aus jeweils 3 Dreiecken.

Zeichne 3 verschiedene Figuren aus jeweils 4 Dreiecken.

**1** Bestimme Umfang und Flächeninhalt jeder Zündholzfigur.
Notiere und vergleiche.

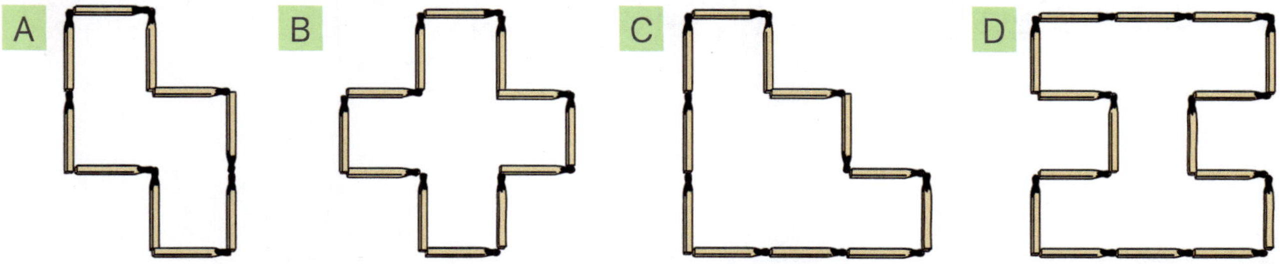


| | Figur A | Figur B | Figur C | Figur D |
|---|---|---|---|---|
| Umfang | 10 Zündhölzer | ___ Zündhölzer | ___ Zündhölzer | ___ Zündhölzer |
| Flächeninhalt | ___ Zündholz-quadrate | ___ Zündholz-quadrate | ___ Zündholz-quadrate | ___ Zündholz-quadrate |

Figur mit dem kürzesten Umfang: ____
Figur mit dem längsten Umfang: ____

Figur mit dem kleinsten Flächeninhalt: ____
Figur mit dem größten Flächeninhalt: ____

Vergleiche Figur B und C. Was fällt dir auf?

______________________________________________

**2** Finde 4 verschiedene Figuren mit einem Umfang von 12 Zündhölzern.
Lege zuerst und zeichne dann ins Gitternetz.

Male die Figur mit dem kleinsten Flächeninhalt grün aus.
Male die Figur mit dem größten Flächeninhalt rot aus.

**1**

5 + ___ + ___ = ___

___ · ___

___ + ___ + ___ + ___ + ___ = ___

___ · ___ = ___

___ + ___ = ___

___ · ___ = ___

**2**

Zeichne und rechne.

5 + ___ + ___ + ___ = ___

4 · 5 = ___

___ + ___ + ___ = ___

3 · 2 = ___

___ + ___ = ___

2 · 4 = ___

**3**

Die Klasse 2a hat Malaufgaben gezeichnet. Schreibe jeweils die Aufgabe dazu.

6 + ___ = ___

___ · ___ = ___

___ = ___

___ · ___ = ___

___ = ___

___ · ___ = ___

___ = ___

___ · ___ = ___

___ = ___

___ · ___ = ___

___ = ___

___ · ___ = ___

**1**

6 + ___ + ___ + ___ = ___
___ · ___ = ___

___ = ___
___ · ___ = ___

___ = ___
___ · ___ = ___

**2**

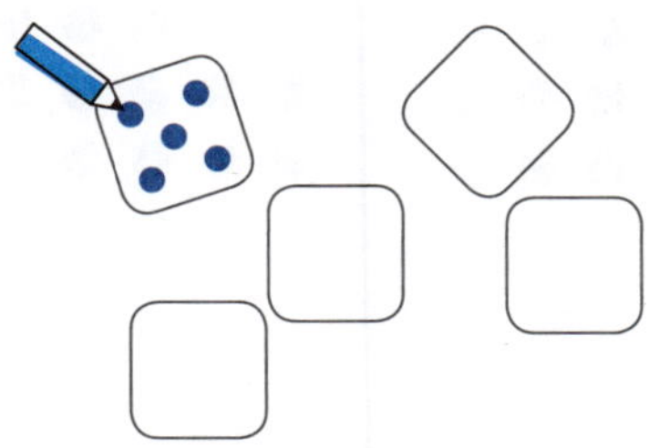

5+ ___ = ___
5 · 5 = ___

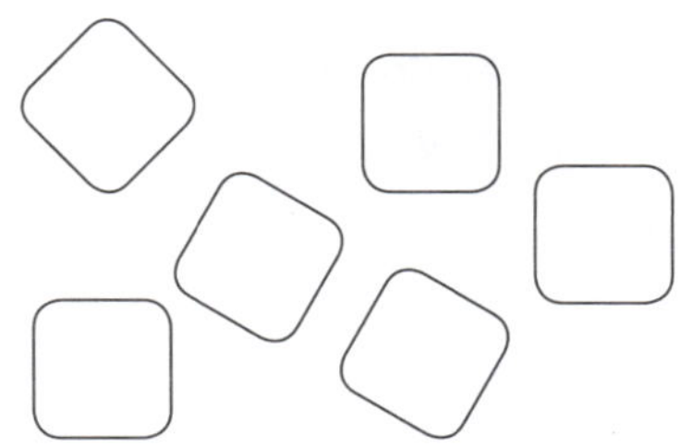

___ = ___
___ · 4 = ___

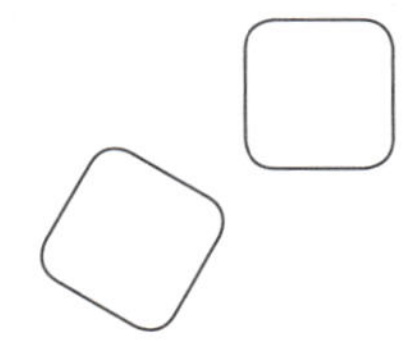

___ = ___
___ · 6 = ___

**3**

2 + 2 + 2 + 2 + 2 + 2 = ___
6 · 2 = ___

6 + ___ + ___ + ___ + ___ = ___
___ · ___ = ___

___ + ___ + ___ + ___ = ___
___ · 8 = ___

7 + ___ + ___ + ___ + ___ = ___
___ · ___ = ___

9 + ___ + ___ = ___
___ · ___ = ___

___ + ___ + ___ + ___ + ___ = ___
___ · 3 = ___

**4**

6 · 1 = ___
1 + 1 + 1 + 1 + 1 + 1 = ___

5 · 10 = ___
___ = ___

3 · 8 = ___
___ = ___

4 · 7 = ___
___ = ___

8 · 3 = ___
___ = ___

2 · 3 = ___
___ = ___

# Tauschaufgaben

**1** Rechne immer Aufgabe und Tauschaufgabe.

3 · 5 = ____

5 · 3 = ____

__ · __ = ____

__ · __ = ____

__ · __ = ____

__ · __ = ____

__ · __ = ____

__ · __ = ____

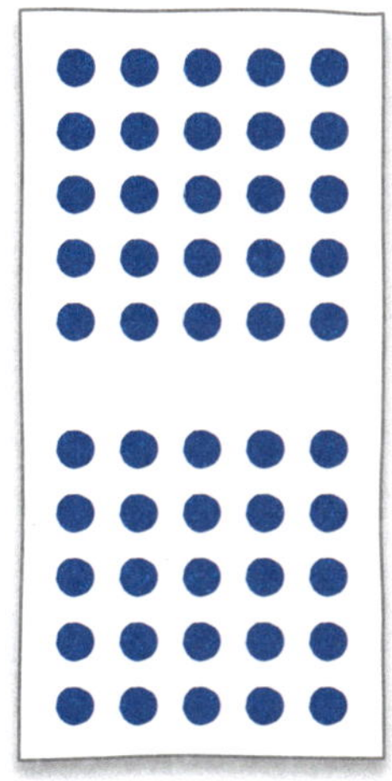

__ · __ = ____

__ · __ = ____

__ · __ = ____

__ · __ = ____

**2** Zeichne Punktebilder und rechne.

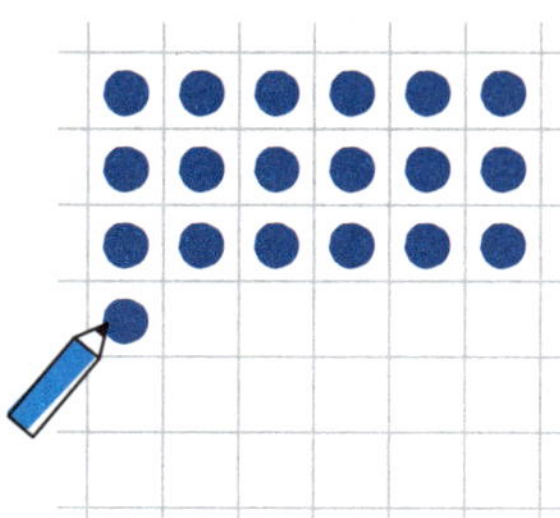

5 · 6 = ____

6 · 5 = ____

3 · 8 = ____

__ · __ = ____

6 · 7 = ____

__ · __ = ____

2 · 5 = ____

__ · __ = ____

3 · 6 = ____

__ · __ = ____

9 · 5 = ____

__ · __ = ____

10 · 4 = ____

__ · __ = ____

1 · 7 = ____

__ · __ = ____

3 · ____ = ____

__ · __ = ____

**1**

12 : 2 = ____

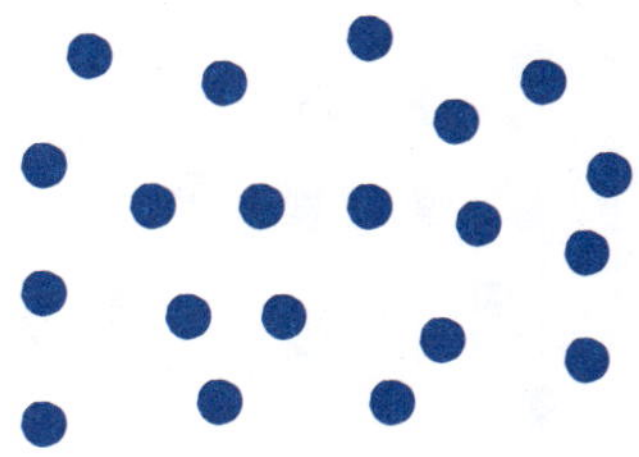

20 : 4 = ____

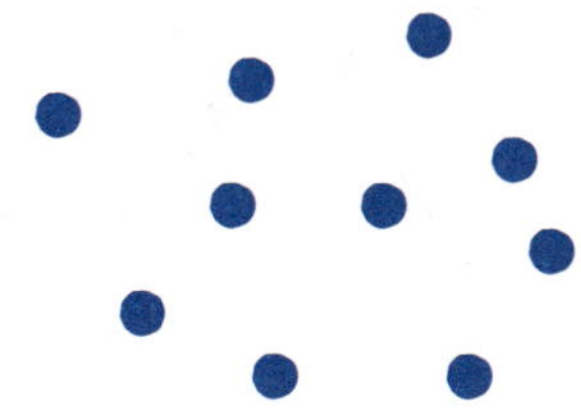

10 : 5 = ____

**2**

Immer 5

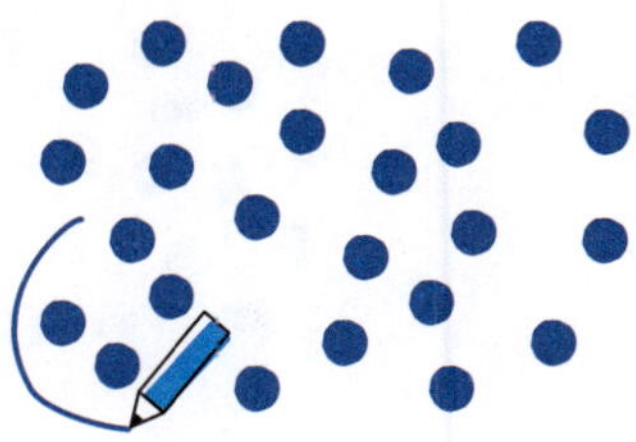

____ : 5 = ____

Immer 4

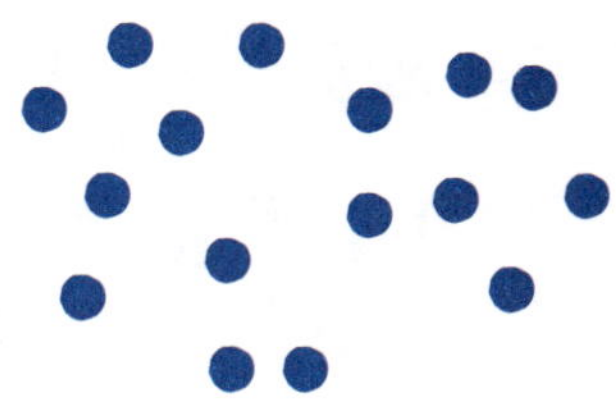

____ : ____ = ____

Immer 8

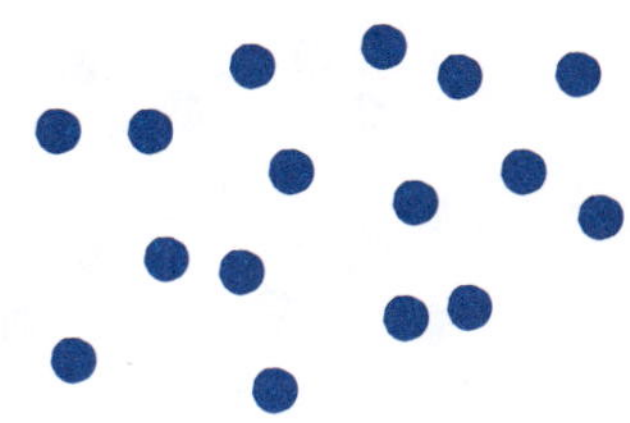

____ : ____ = ____

**3**

Felix stellt 12 Stühle in Reihen auf. Zeichne ein passendes Punktebild.

a) Immer 4 Stühle in einer Reihe.

b) Immer 3 Stühle in einer Reihe.

c) Immer 6 Stühle in einer Reihe.

**4**

Löse mit Hilfe von Plättchen.

a) : 2

| | |
|---|---|
| 6 | |
| 14 | |
| 20 | |
| 22 | |
| 12 | |
| 18 | |

b) : 5

| | |
|---|---|
| 5 | |
| 35 | |
| 25 | |
| 15 | |
| 40 | |
| 30 | |

c) : 4

| | |
|---|---|
| 32 | |
| 8 | |
| 16 | |
| 28 | |
| 36 | |
| 40 | |

d) : 6

| | |
|---|---|
| 18 | |
| | 5 |
| 24 | |
| | 4 |
| 48 | |
| | 7 |

e) : ____

| | |
|---|---|
| 21 | 7 |
| | 3 |
| 18 | |
| | 8 |
| 15 | |
| | 9 |

**1**

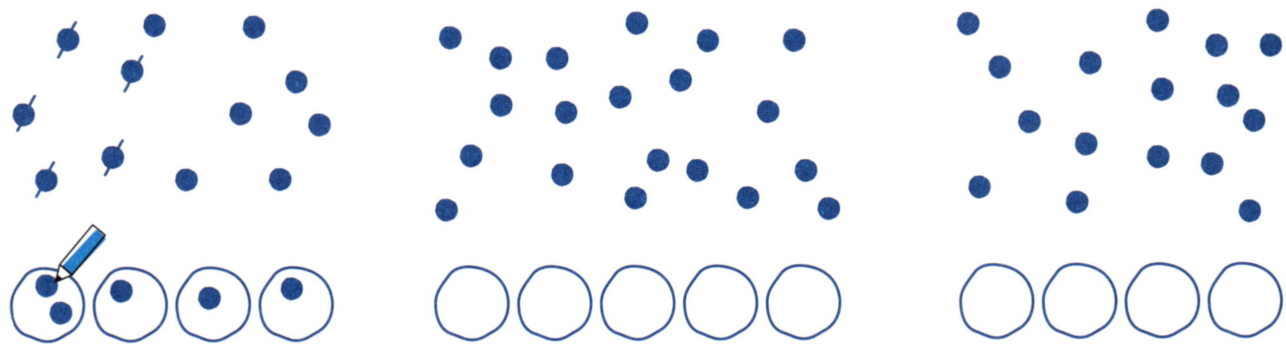

12 : 4 = ____ 20 : 5 = ____ 16 : 4 = ____

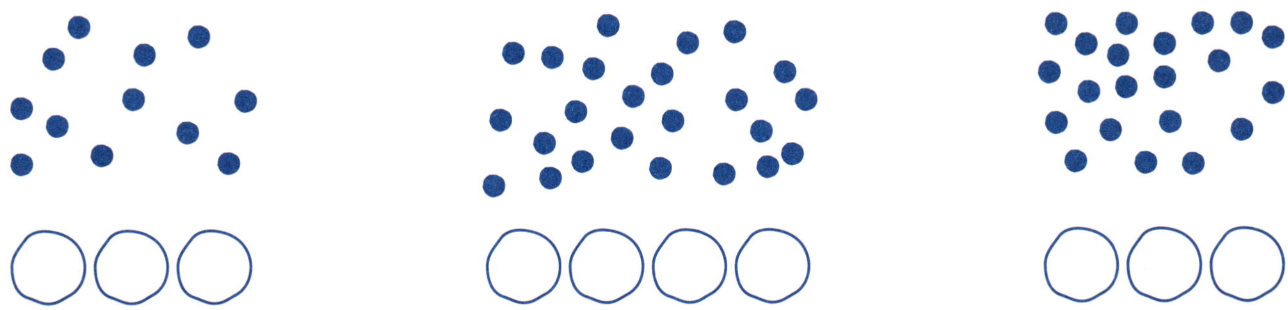

12 : ____ = ____ 24 : ____ = ____ 21 : ____ = ____

**2**

Felix verteilt 18 Bonbons ...

a) an 2 Kinder. b) an 9 Kinder. c) an 6 Kinder.

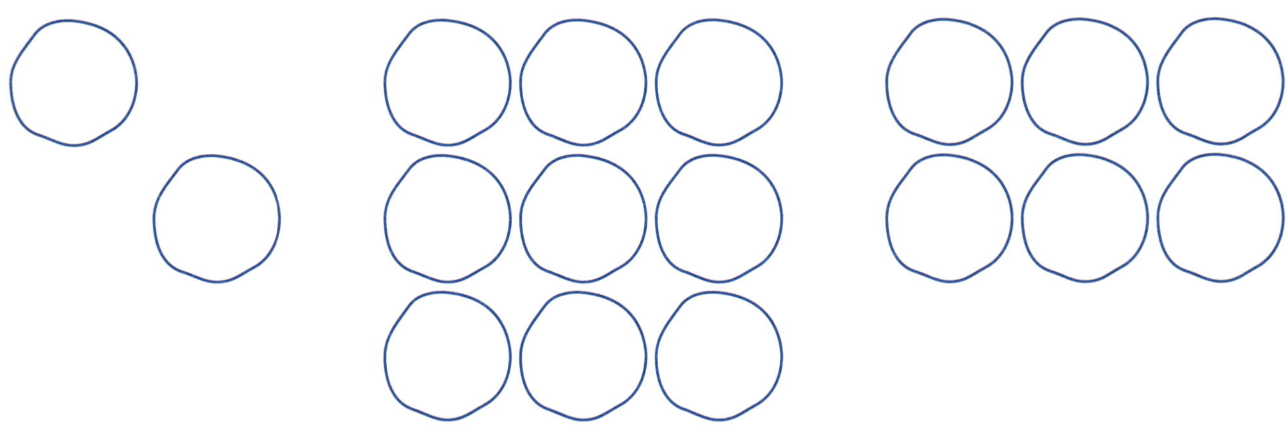

**3**

Löse mit Hilfe von Plättchen.

a) : 3

| | |
|---|---|
| 6 | |
| 9 | |
| 15 | |
| 21 | |

b) : 4

| | |
|---|---|
| 4 | |
| 12 | |
| 20 | |
| 24 | |

c) : 5

| | |
|---|---|
| 10 | |
| 20 | |
| 30 | |
| 40 | |

d) : 7

| | |
|---|---|
| 14 | |
| | 1 |
| 28 | |
| | 5 |

e) : ____

| | |
|---|---|
| 32 | 4 |
| | 2 |
| 24 | |
| | 5 |

**1**

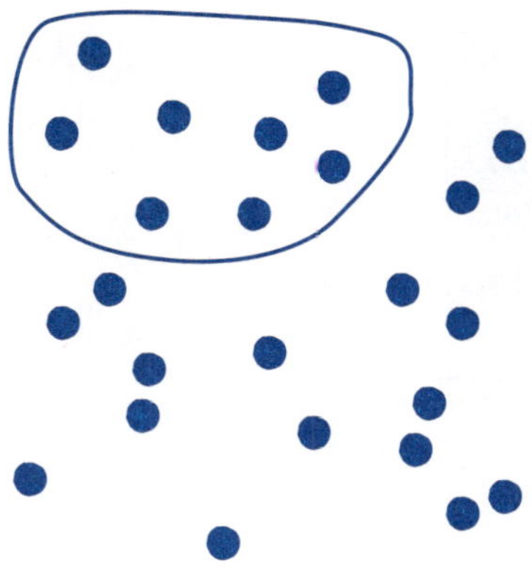

24 : 8 = ____
____ · 8 = ____

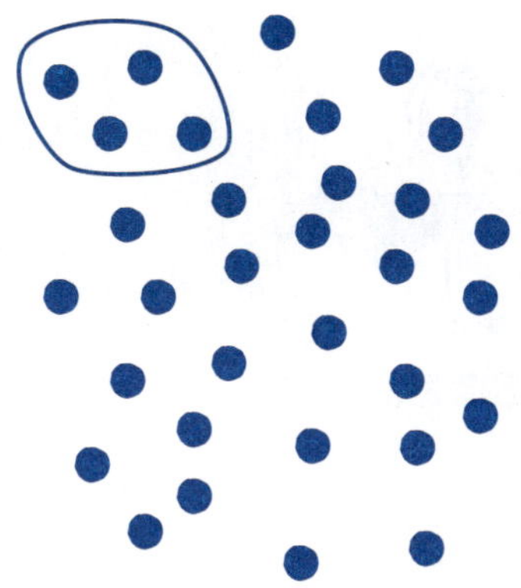

____ : ____ = ____
____ · ____ = ____

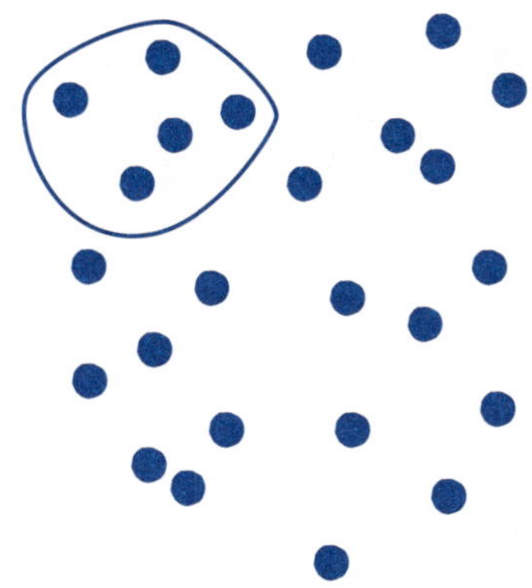

____ : ____ = ____
____ · ____ = ____

**2**

Zeichne Punktebilder. Rechne auch die Umkehraufgabe.

16 : 8 = ____
____ · 8 = ____

20 : 10 = ____
____ · 10 = ____

15 : 5 = ____
____ · ____ = ____

**3**

a) 10 : 2 = 5
5 · 2 = ____

16 : 8 = ____
____ · ____ = ____

20 : 5 = ____
____ · ____ = ____

b) 8 · 4 = 32
32 : 4 = ____

5 · 10 = ____
____ : ____ = ____

3 · 6 = ____
____ : ____ = ____

b) 4 · 5 = ____
____ : ____ = ____

7 · 2 = ____
____ : ____ = ____

9 · 1 = ____
____ : ____ = ____

**4**

12
2 6
2 · 6 = 12
6 · ____ = ____
12 : 6 = ____
12 : ____ = ____

27
3 9
____ · ____ = ____
____ · ____ = ____
____ : ____ = ____
____ : ____ = ____

15
5 ____
____ · ____ = ____
____ · ____ = ____
____ : ____ = ____
____ : ____ = ____

**1**

1 · 5 = ___
2 · 5 = ___
5 · 5 = ___
10 · 5 = ___

1 · 10 = ___
2 · 10 = ___
5 · 10 = ___
10 · 10 = ___

**2**

| | |
|---|---|
| 2 · 5 = ___ | 15 : 5 = ___ |
| 4 · 5 = ___ | 30 : 5 = ___ |
| 8 · 5 = ___ | 45 : 5 = ___ |
| 4 · 10 = ___ | 30 : 10 = ___ |
| 5 · 10 = ___ | 60 : 10 = ___ |
| 6 · 10 = ___ | 90 : 10 = ___ |
| 10 · 5 = ___ | 50 : 5 = ___ |
| 9 · 5 = ___ | 70 : 10 = ___ |
| 8 · 5 = ___ | 35 : 5 = ___ |

**3**

Verbinde nur die Fünferzahlen der Reihe nach.

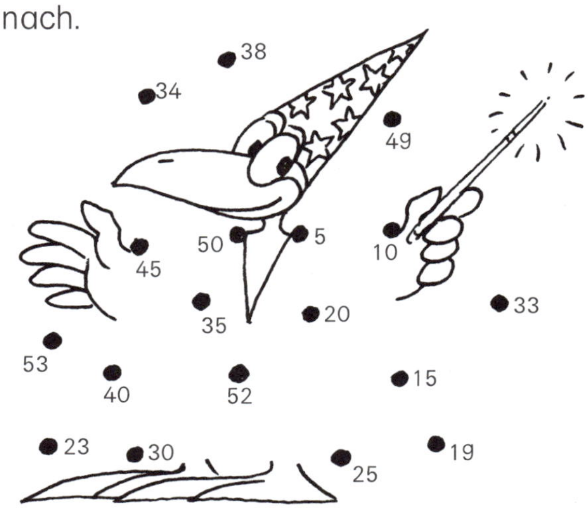


**4**

a)

| | | |
|---|---|---|
| 70 : 10 | 7 | |
| 35 : 5 | | |

| | | |
|---|---|---|
| 90 : 10 | 9 | |
| ___ : 5 | | |

| | | |
|---|---|---|
| ___ : 10 | | |
| 25 : 5 | | |

| | | |
|---|---|---|
| ___ : 10 | | |
| 0 : 5 | | |

b)

| | | |
|---|---|---|
| 30 : 10 | | |
| ___ : 5 | | |

| | | |
|---|---|---|
| 10 : 10 | | |
| ___ : 5 | | |

| | | |
|---|---|---|
| ___ : 10 | | |
| 20 : 5 | | |

| | | |
|---|---|---|
| ___ : 10 | | |
| 10 : 5 | | |

c)

| | | |
|---|---|---|
| 60 : 10 | | |
| ___ : 5 | | |

| | | |
|---|---|---|
| 100 : 10 | | |
| ___ : 5 | | |

| | | |
|---|---|---|
| ___ : 10 | | |
| 40 : 5 | | |

| | | |
|---|---|---|
| ___ : 10 | | |
| 55 : 5 | | |

**5**

| | | | |
|---|---|---|---|
| 0 · 10 = ___ | 1 · 10 = ___ | 2 · 10 = ___ | 8 · 10 = ___ |
| 0 · 5 = ___ | 1 · 5 = ___ | 2 · 5 = ___ | 8 · 5 = ___ |
| 4 · 10 = ___ | 7 · 10 = ___ | 9 · 10 = ___ | 5 · 10 = ___ |
| 4 · 5 = ___ | 7 · 5 = ___ | 9 · 5 = ___ | 5 · 5 = ___ |
| 6 · 10 = ___ | 3 · 10 = ___ | 10 · 10 = ___ | |
| 6 · 5 = ___ | 3 · 5 = ___ | 10 · 5 = ___ | |

**1**

1 · 2 = ___
2 · 2 = ___
5 · 2 = ___
10 · 2 = ___

**2**

a)
5 · 0 = ___
5 · 1 = ___
5 · 5 = ___

3 · 0 = ___
3 · 1 = ___
3 · 5 = ___

10 · 2 = ___
9 · 2 = ___
8 · 2 = ___

4 · 2 = ___
5 · 2 = ___
6 · 2 = ___

b)
10 : 2 = ___
8 : 2 = ___
18 : 2 = ___

12 : 2 = ___
6 : 2 = ___
4 : 2 = ___

8 : 1 = ___
6 : 1 = ___
5 : 5 = ___

10 : 10 = ___
0 : 2 = ___
0 : 5 = ___

**3**

a)

| · | 2 | 5 | 10 |
|---|---|---|---|
| 7 | | | |
| 3 | | | |
| 4 | | | |

b)

| · | 1 | 0 | 2 |
|---|---|---|---|
| 6 | | | |
| 2 | | | |
| 10 | | | |

c)

| · | 0 | 2 | 10 |
|---|---|---|---|
| 0 | | | |
| 1 | | | |
| 5 | | | |

d)

| · | | 1 | |
|---|---|---|---|
| 4 | | | 40 |
| | | 3 | |
| 8 | 0 | | |

e)

| · | 5 | 2 | |
|---|---|---|---|
| | 50 | | |
| | | 14 | |
| 6 | | | 60 |

f)

| · | 10 | | 5 |
|---|---|---|---|
| | | | 45 |
| 8 | | 0 | |
| | 50 | | |

**4**

1 · 2 = ___
6 · 2 = ___

0 · 2 = ___
0 · 1 = ___

7 · 2 = ___
3 · 2 = ___

10 · 2 = ___
8 · 2 = ___

2 · 2 = ___
4 · 2 = ___

10 · 1 = ___
9 · 1 = ___

4 · 1 = ___
7 · 1 = ___

6 · 1 = ___
2 · 1 = ___

5 · 2 = ___
9 · 2 = ___

3 · 1 = ___
8 · 1 = ___

3 · 0 = ___
6 · 0 = ___

2 · 0 = ___
4 · 0 = ___

1 · 1 = ___
5 · 1 = ___

1 · 0 = ___
10 · 0 = ___

9 · 0 = ___
5 · 0 = ___

7 · 0 = ___
8 · 0 = ___

0 · 0 = ___

Denke an die 1·1 Tafel auf Seite 72.

# Quadratzahl-Aufgaben

**1**

0 · 0 = ____
1 · 1 = ____
2 · 2 = ____
3 · 3 = ____
4 · 4 = ____
5 · 5 = ____
6 · 6 = ____
7 · 7 = ____
8 · 8 = ____
9 · 9 = ____
10 · 10 = ____

**2**

Umrande die Quadratzahl-Aufgaben im Punktefeld. Notiere sie.

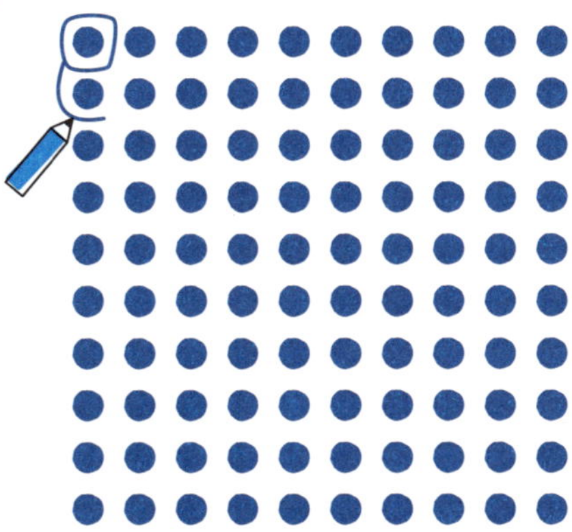

1 · 1 = 1
2 · 2 = 4

**3**

a) 16 : 4 = ____
25 : 5 = ____
49 : 7 = ____
9 : 3 = ____

b) 64 : 8 = ____
36 : 6 = ____
100 : 10 = ____
81 : 9 = ____

c) 121 : 11 = ____
144 : 12 = ____
169 : 13 = ____
400 : 20 = ____

**4**

Bilde Aufgaben mithilfe der Quadratzahl-Aufgaben.

a) 50 = 7 · 7 + 1
51 = 7 · 7 + ____
52 = ____ · ____ + ____
53 = ____ · ____ + ____

b) 66 = 8 · 8 + ____
68 = ____ · ____ + ____
70 = ____ · ____ + ____
72 = ____ · ____ + ____

c) 24 = 5 · 5 − ____
23 = ____ · ____ − ____
22 = ____ · ____ − ____
21 = ____ · ____ − ____

**5**

5 · 5 = ____
6 · 6 = ____
2 · 2 = ____
10 · 10 = ____
7 · 7 = ____
4 · 4 = ____

3 · 3 = ____
8 · 8 = ____
1 · 1 = ____
9 · 9 = ____
0 · 0 = ____

62

**1** Halbiere und verdopple.

a)

| | | | |
|---|---|---|---|
| 1 · 5 = ___ | ___ · 2 = ___ | ___ · 10 = ___ | ___ · 1 = ___ |
| 2 · 5 = ___ | 4 · 2 = ___ | 2 · 10 = ___ | 4 · 1 = ___ |
| 4 · 5 = ___ | ___ · 2 = ___ | ___ · 10 = ___ | ___ · 1 = ___ |
| ___ · 7 = ___ | ___ · 9 = ___ | ___ · 5 = ___ | ___ · 2 = ___ |
| 2 · 7 = ___ | 4 · 9 = ___ | 6 · 5 = ___ | 10 · 2 = ___ |
| ___ · 7 = ___ | ___ · 9 = ___ | ___ · 5 = ___ | ___ · 2 = ___ |

**2**

Meine Zahl ist die Hälfte von 18. Wie heißt meine Zahl? ___

Meine Zahl ist die Hälfte vom Ergebnis von 8 · 4. ___

Wenn ich meine Zahl mit 4 malnehme, dann erhalte ich das Doppelte von 6. ___

Meine Zahl ist das Doppelte vom Ergebnis von 3 · 8. ___

Meine Zahlen sind größer als 9 und kleiner als 21. Ich kann sie 2-mal halbieren. ___

Meine Zahl ist das Doppelte von der Hälfte von 98. ___

3 9 12 16 20 48 98

**3**

a) Jonas hat 28 Murmeln. Seine Schwester Sarah hat halb so viele. Sie schenkt ihrer Freundin Lena die Hälfte ihrer Murmeln. Wie viele Murmeln bekommt Lena?

L:

b) Tim hat 8 Murmeln. Sein Bruder hat doppelt so viele. Seine Schwester hat halb so viele wie Tim. Wie viele Murmeln haben alle gemeinsam?

L:

# Kalender

**1** In welchem Monat sind diese Tage?

______ ______ ______ ______

**2**

| 19. Juni | 31. Januar | 1. September | 26. Dezember | 11. November |
|---|---|---|---|---|
| 19.6. | | | | |

| | | | | |
|---|---|---|---|---|
| | | | | |
| 8.4. | 6.5. | 14.2. | 21.7. | 3.3. |

**3**

- Ich bin der 10. Monat im Jahr. ______
- Mit mir fängt das Jahr an. ______
- Ich folge zwei Monate nach dem April. ______
- Ich bin der kürzeste Monat. ______
- Ich bin ein schulfreier Monat. ______
- Mein Name fängt mit O an. ______
- Ich bin der 3. Monat im Jahr. ______
- Mein Name endet mit –li. ______
- Ich bin der Monat vor dem Mai. ______
- Ich bin der letzte Monat im Jahr. ______

**4**

a) Vervollständige.

| | Datum | Wochentag |
|---|---|---|
| heute | | |
| vorgestern | | |
| in 5 Tagen | | |
| in 4 Wochen | | |

b) Wie viele Tage dauert es noch? Heute: ______

Geburtstag: ____ Tage

Ostersonntag: ____ Tage

Sommeranfang: ____ Tage

Beginn der Sommerferien: ____ Tage


64 65

**1**

| |
|---|
| 8.00 Uhr |
| 20.00 Uhr |

| |
|---|
| Uhr |
| Uhr |

| |
|---|
| |
| |

| |
|---|
| |
| |

| |
|---|
| |
| |

| |
|---|
| 7.45 Uhr |
| 19.45 Uhr |

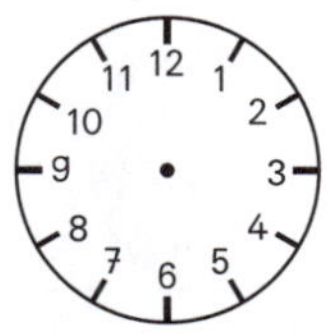

| |
|---|
| 4.15 Uhr |
| Uhr |

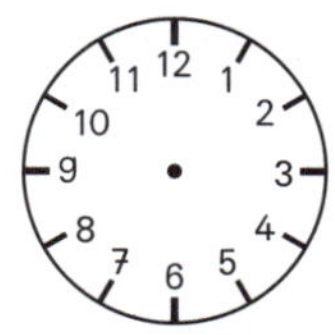

| |
|---|
| |
| 20.30 Uhr |

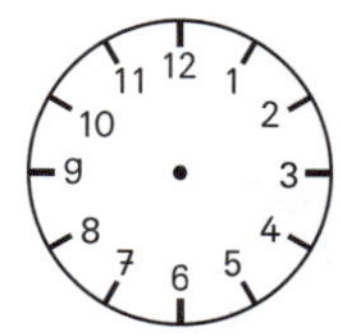

| |
|---|
| 2.55 Uhr |
| |

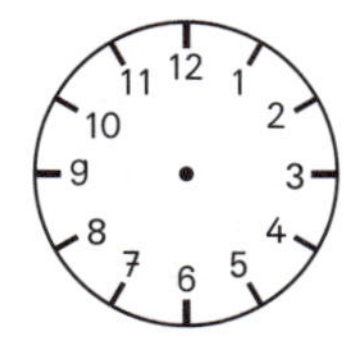

| |
|---|
| |
| 17.15 Uhr |

**2**

Finde zu jeder Zeitangabe die richtige Uhr. Wie lautet das Lösungswort?

1 halb 3

2 5 Minuten vor 8 Uhr

3 10 Minuten nach 6 Uhr

4 30 Minuten vor 18 Uhr

5 drei viertel 7

6 Viertel nach 9

E 6:45

E 7:55

G 17:30

R

I

Z

| Lösung | |
|---|---|
| 1 | |
| 2 | |
| 3 | |
| 4 | |
| 5 | |
| 6 | |

**3**

Stelle die Digitaluhren auf die jeweilige Uhrzeit.

Unnötige gelbe Striche übermale ich mit dem Bleistift.

88:88 — 20 Minuten nach 17 Uhr

88:88 — drei viertel 8 morgens

88:88 — 5 Minuten vor Mitternacht

d8:88 — 13.15 Uhr

88:88 — 5 Minuten vor halb 4 nachmittags

88:88 — 30 Minuten vor 14 Uhr

**1**

**2**

a)

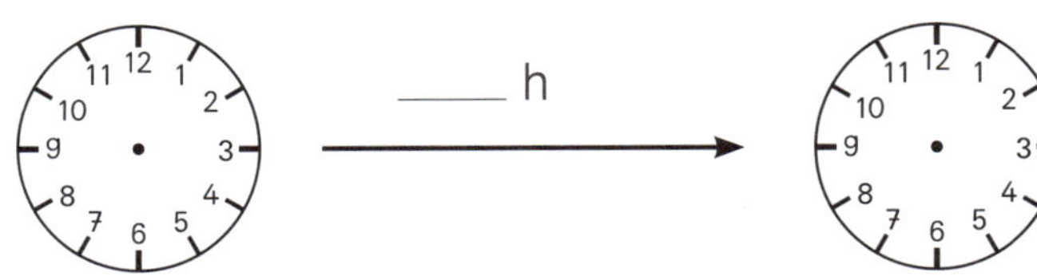


Der Zoo hat ____ h geöffnet.

b)

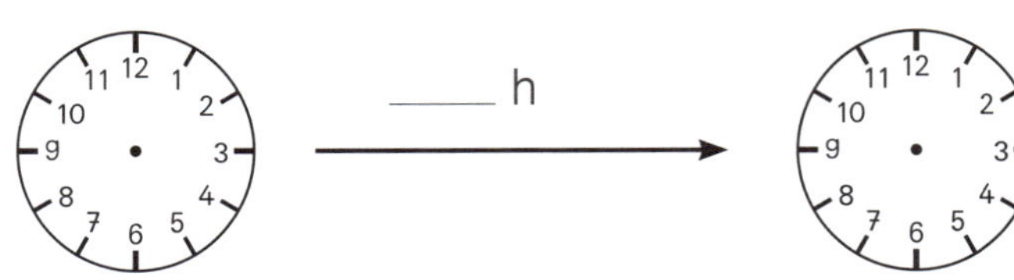


Für den Weg bleiben ____ h.

**3**

Wie viel Zeit vergeht zwischen den Fütterungen?

| | Ende der 1. Fütterung | Zwischenzeit | Beginn der 2. Fütterung |
|---|---|---|---|
| Affen | 12.00 Uhr | | 14.00 Uhr |
| Löwen | | | |
| Robben | | | |

Ich esse alle 8 Stunden etwas. Das macht ____ Mahlzeiten am Tag.

**1**

| | | |
|---|---|---|
| Wie viele Augen haben 2 Raben? ___ | Wie viele Beine hat eine Spinne? ___ | Wie viele Ohren haben 10 Elefanten? ___ |
| Wie viele Höcker haben 5 Kamele? ___ | Wie viele Arme haben 2 Kraken? ___ | Wie viele Beine haben 2 Ameisen? ___ |
| Wie viele Beine haben 4 Kühe? ___ | Wie viele Flügel haben 10 Gänse? ___ | Wie viele Hufe hat ein Pferd? ___ |

**2**

Löse zuerst die Kernaufgaben, dann die Nachbaraufgaben.

| | | | |
|---|---|---|---|
| 4 · 3 = ___ | 6 · 7 = ___ | 4 · 9 = ___ | 7 · 8 = ___ |
| 5 · 3 = ___ | 7 · 7 = ___ | 5 · 9 = ___ | 8 · 8 = ___ |
| 6 · 3 = ___ | 8 · 7 = ___ | 6 · 9 = ___ | 9 · 8 = ___ |
| 10 · 6 = ___ | 10 · 4 = ___ | 10 · 3 = ___ | 10 · 7 = ___ |
| 9 · 6 = ___ | 9 · 4 = ___ | 9 · 3 = ___ | 9 · 7 = ___ |
| 8 · 6 = ___ | 8 · 4 = ___ | 8 · 3 = ___ | 8 · 7 = ___ |

**3**

Setze aus Kernaufgaben zusammen.

| | | | |
|---|---|---|---|
| 5 · 3 = ___ | 5 · 4 = ___ | 5 · 9 = ___ | 5 · 6 = ___ |
| 1 · 3 = ___ | 1 · 4 = ___ | 2 · 9 = ___ | 2 · 6 = ___ |
| 6 · 3 = ___ | 6 · 4 = ___ | 7 · 9 = ___ | 7 · 6 = ___ |
| 10 · 7 = ___ | 10 · 8 = ___ | 10 · 6 = ___ | 9 · 9 = ___ |
| 1 · 7 = ___ | 1 · 8 = ___ | 2 · 6 = ___ | 1 · 9 = ___ |
| 9 · 7 = ___ | 9 · 8 = ___ | 8 · 6 = ___ | 8 · 9 = ___ |

**4**

Bilde Aufgaben mithilfe von Kernaufgaben.

| a) | b) | c) |
|---|---|---|
| 31 = 10 · 3 + 1 | 15 = 2 · ___ + ___ | 7 = 2 · ___ – ___ |
| 32 = 5 · ___ + ___ | 37 = 5 · ___ + ___ | 43 = 5 · ___ – ___ |
| 33 = 10 · ___ + ___ | 17 = 2 · ___ + ___ | 57 = 10 · ___ – ___ |
| 34 = 5 · ___ + ___ | 42 = 5 · ___ + ___ | 11 = 5 · ___ – ___ |

72 73

# Einmaleins mit 4 und 8

**1** Die Kernaufgaben helfen dir.

1 · 4 = ___
2 · 4 = ___
5 · 4 = ___
10 · 4 = ___

1 · 8 = ___
2 · 8 = ___
5 · 8 = ___
10 · 8 = ___

**2** Nutze die Kernaufgaben.

| | | | |
|---|---|---|---|
| 5 · 4 = ___ | 10 · 4 = ___ | 5 · 8 = ___ | 10 · 8 = ___ |
| 6 · 4 = ___ | 9 · 4 = ___ | 6 · 8 = ___ | 9 · 8 = ___ |

| | | | |
|---|---|---|---|
| 5 · 4 = ___ | 10 · 4 = ___ | 5 · 8 = ___ | 10 · 8 = ___ |
| 1 · 4 = ___ | 2 · 4 = ___ | 2 · 8 = ___ | 2 · 8 = ___ |
| 6 · 4 = ___ | 8 · 4 = ___ | 7 · 8 = ___ | 8 · 8 = ___ |

| | | | |
|---|---|---|---|
| 10 · 4 = ___ | 5 · 4 = ___ | 8 · 8 = ___ | 10 · 8 = ___ |
| 1 · 4 = ___ | 2 · 4 = ___ | 1 · 8 = ___ | 1 · 8 = ___ |
| 9 · 4 = ___ | 7 · 4 = ___ | 9 · 8 = ___ | 9 · 8 = ___ |

**3**

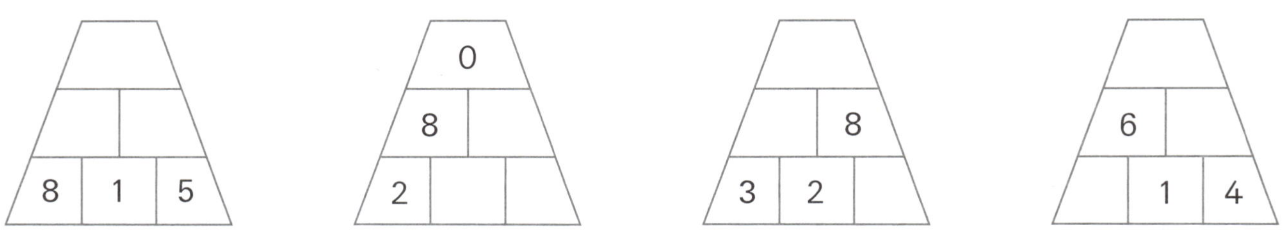


**4**

| | | | |
|---|---|---|---|
| 2 · 4 = ___ | 1 · 4 = ___ | 0 · 4 = ___ | 5 · 4 = ___ |
| 2 · 8 = ___ | 1 · 8 = ___ | 0 · 8 = ___ | 5 · 8 = ___ |
| 4 · 4 = ___ | 7 · 4 = ___ | 9 · 4 = ___ | 10 · 4 = ___ |
| 4 · 8 = ___ | 7 · 8 = ___ | 9 · 8 = ___ | 10 · 8 = ___ |
| 6 · 4 = ___ | 3 · 4 = ___ | 8 · 4 = ___ | |
| 6 · 8 = ___ | 3 · 8 = ___ | 8 · 8 = ___ | |

74 75

**1** Die Kernaufgaben helfen dir.

1 · 3 = ___
2 · 3 = ___
5 · 3 = ___
10 · 3 = ___

1 · 6 = ___
2 · 6 = ___
5 · 6 = ___
10 · 6 = ___

**2** Nutze die Kernaufgaben.

| | | | |
|---|---|---|---|
| 5 · 3 = ___ | 10 · 3 = ___ | 5 · 6 = ___ | 10 · 6 = ___ |
| 6 · 3 = ___ | 9 · 3 = ___ | 4 · 6 = ___ | 9 · 6 = ___ |

| | | | |
|---|---|---|---|
| 5 · 3 = ___ | 10 · 3 = ___ | 5 · 6 = ___ | 10 · 6 = ___ |
| 2 · 3 = ___ | 2 · 3 = ___ | 2 · 6 = ___ | 2 · 6 = ___ |
| 7 · 3 = ___ | 8 · 3 = ___ | 7 · 6 = ___ | 8 · 6 = ___ |

| | | | |
|---|---|---|---|
| 10 · 3 = ___ | 5 · 3 = ___ | 5 · 6 = ___ | 10 · 6 = ___ |
| 1 · 3 = ___ | 1 · 3 = ___ | 1 · 6 = ___ | 1 · 6 = ___ |
| 9 · 3 = ___ | 6 · 3 = ___ | 6 · 6 = ___ | 9 · 6 = ___ |

**3** Löse durch Probieren.

| | | | |
|---|---|---|---|
| 27 | 60 | 18 | 54 |
| ___ ___ | ___ ___ | ___ ___ | ___ ___ |
| ___ 3 ___ | ___ 2 ___ | ___ 3 ___ | ___ 3 ___ |

**4**

2 · 3 = ___
2 · 6 = ___

1 · 3 = ___
1 · 6 = ___

7 · 3 = ___
7 · 6 = ___

0 · 3 = ___
0 · 6 = ___

5 · 3 = ___
5 · 6 = ___

8 · 3 = ___
8 · 6 = ___

3 · 3 = ___
3 · 6 = ___

4 · 3 = ___
4 · 6 = ___

9 · 3 = ___
9 · 6 = ___

6 · 3 = ___
6 · 6 = ___

10 · 3 = ___
10 · 6 = ___

Denke auch hier an die 1 · 1 Tafel auf Seite 72.

**1** Die Kernaufgaben helfen dir.

1 · 9 = ____
2 · 9 = ____
5 · 9 = ____
10 · 9 = ____

**2** Nutze die Kernaufgaben.

5 · 9 = ____
6 · 9 = ____

9 · 9 = ____
8 · 9 = ____

5 · 9 = ____
4 · 9 = ____

2 · 9 = ____
3 · 9 = ____

5 · 9 = ____
1 · 9 = ____
6 · 9 = ____

10 · 9 = ____
2 · 9 = ____
8 · 9 = ____

5 · 9 = ____
2 · 9 = ____
7 · 9 = ____

9 · 9 = ____
1 · 9 = ____
8 · 9 = ____

**3**

Meine Zahl gehört zur 3er–, 6er– und 8er–Reihe.
____

Meine Zahlen haben einen Zehner und gehören zur 3er– und 6er–Reihe.
____

Meine Zahlen haben 8 Einer und gehören zur 6er–Reihe.
____

Ich denke mir 3 Zahlenpaare aus der 3er– und 8er–Reihe. Bei jedem Zahlenpaar ist die eine Zahl um 2 größer als die andere.
____
____

Ich denke mir 6 Zahlenpaare aus der 6er– und 9er–Reihe. Bei jedem Zahlenpaar ist die eine Zahl um 6 größer als die andere.
____
____

Ich denke mir 5 Zahlenpaare aus der 6er– und 8er–Reihe. Bei jedem Zahlenpaar ist die eine Zahl um 2 größer als die andere.
____
____

**4**

9 · 9 = ____
10 · 9 = ____

7 · 9 = ____
8 · 9 = ____

3 · 9 = ____
4 · 9 = ____

5 · 9 = ____
6 · 9 = ____

1 · 9 = ____
2 · 9 = ____

0 · 9 = ____

Alle Aufgaben, die ich schon auswendig kann, trage ich wieder grün in meine 1 · 1 Tafel auf Seite 72 ein.

bis 76 78

**1** Die Kernaufgaben helfen dir.

1 · 7 = ___
2 · 7 = ___
5 · 7 = ___
10 · 7 = ___

**2** Nutze die Kernaufgaben.

2 · 7 = ___
3 · 7 = ___

5 · 7 = ___
6 · 7 = ___

10 · 7 = ___
9 · 7 = ___

7 · 7 = ___
8 · 7 = ___

7 · 7 = ___
2 · 7 = ___
9 · 7 = ___

10 · 7 = ___
2 · 7 = ___
8 · 7 = ___

5 · 7 = ___
1 · 7 = ___
4 · 7 = ___

5 · 7 = ___
1 · 7 = ___
6 · 7 = ___

**3**

Meine Zahl gehört zur 7er– und 3er–Reihe.
___

Meine Zahlen liegen zwischen 30 und 50 und gehören zur 7er–Reihe.
___

Meine Zahlen haben 4 Zehner und gehören zur 7er–Reihe.
___

Ich denke mir 2 Zahlenpaare aus der 7er– und 5er–Reihe. Bei jedem Zahlenpaar ist die eine Zahl um 1 größer als die andere.
___
___

Ich denke mir 2 Zahlenpaare aus der 7er– und 4er–Reihe. Bei jedem Zahlenpaar ist die eine Zahl um 5 größer als die andere.
___
___

Meine Zahlen liegen zwischen 10 und 30. Ich kann sie zuerst halbieren und dann durch 7 teilen.
___

**4**

1 · 7 = ___
2 · 7 = ___

7 · 7 = ___
8 · 7 = ___

9 · 7 = ___
10 · 7 = ___

5 · 7 = ___
6 · 7 = ___

3 · 7 = ___
4 · 7 = ___

0 · 7 = ___

**1** Löse die roten Aufgaben. Die Kernaufgaben können dir dabei helfen.

| | | | | | |
|---|---|---|---|---|---|
| 5 · 5 | 5 · 6 | 5 · 7 | 5 · 8 | 5 · 9 | 5 · 10 |
| 6 · 5 | 6 · 6 | 6 · 7 | 6 · 8 | 6 · 9 | 6 · 10 |
| 7 · 5 | 7 · 6 | 7 · 7 | 7 · 8 | 7 · 9 | 7 · 10 |
| 8 · 5 | 8 · 6 | 8 · 7 | 8 · 8 | 8 · 9 | 8 · 10 |
| 9 · 5 | 9 · 6 | 9 · 7 | 9 · 8 | 9 · 9 | 9 · 10 |
| 10 · 5 | 10 · 6 | 10 · 7 | 10 · 8 | 10 · 9 | 10 · 10 |

6 · 7

5 · 7 = 35
1 · 7 = 7

6 · 7 =

**2** Rechne zuerst die Tauschaufgabe.

3 · 8 = ____
8 · 3 = ____

____ · ____ = ____
6 · 3 = ____

____ · ____ = ____
9 · 2 = ____

____ · ____ = ____
7 · 2 = ____

____ · ____ = ____
9 · 4 = ____

____ · ____ = ____
7 · 4 = ____

____ · ____ = ____
7 · 3 = ____

____ · ____ = ____
0 · 2 = ____

**3**

a)

| · | 7 | 3 | 9 |
|---|---|---|---|
| 2 | | | |
| 5 | | | |
| 10 | | | |

b)

| · | 5 | 4 | 8 |
|---|---|---|---|
| 10 | | | |
| 5 | | | |
| 2 | | | |

c)

| · | 6 | 3 | 0 |
|---|---|---|---|
| 5 | | | |
| 0 | | | |
| 1 | | | |


80

**1** Kreise gerade Zahlen rot und ungerade Zahlen blau ein.

| | | | | | | | |
|---|---|---|---|---|---|---|---|
| 2 | 14 | 28 | 3 | 79 | 41 | 50 | 99 |
| 36 | 54 | 6 | 82 | 1 | 38 | 5 | 67 |
| 9 | 45 | 61 | 18 | 23 | 7 | 59 | 74 |
| 100 | 101 | 108 | 152 | 126 | 133 | 111 | 144 |

**2**

| | | | |
|---|---|---|---|
| 5 + 8 = 13 | 7 + 9 = | 9 + 2 = | 4 + 6 = |
| 1 + 48 = | 56 + 7 = | 5 + 35 = | 88 + 4 = |
| | 26 + 3 = | 8 + 4 = | 11 + 6 = |
| | 8 + 62 = | 2 + 1 = | 5 + 77 = |

gerade Zahl plus gerade Zahl: Das Ergebnis ist ______________.
gerade Zahl plus ungerade Zahl: Das Ergebnis ist ______________.
ungerade Zahl plus gerade Zahl: Das Ergebnis ist ______________.
ungerade Zahl plus ungerade Zahl: Das Ergebnis ist ______________.

**3**

| | | | |
|---|---|---|---|
| 2 · 1 = | 4 · 8 = | 6 · 6 = | 7 · 2 = |
| 3 · 6 = | 5 · 10 = | 3 · 4 = | 2 · 8 = |
| | 6 · 5 = | 1 · 9 = | 6 · 1 = |
| | 8 · 0 = | 3 · 5 = | 10 · 7 = |

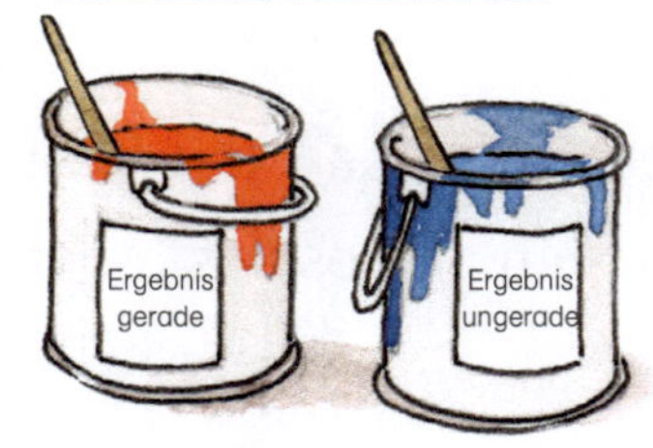


gerade Zahl mal gerade Zahl: Das Ergebnis ist ______________.
gerade Zahl mal ungerade Zahl: Das Ergebnis ist ______________.
ungerade Zahl mal gerade Zahl: Das Ergebnis ist ______________.
ungerade Zahl mal ungerade Zahl: Das Ergebnis ist ______________.

**1** Die Klasse 2a bastelt Blumen als Fensterschmuck.
Die Lehrerin hat dafür Buntpapier in 3 Farben zurecht gelegt.

a) Wie viele verschiedene Möglichkeiten gibt es, um diese Blumen zu gestalten? Färbe geschickt.

Es gibt ______ · ______ = ______ verschiedene Möglichkeiten.

b) Die Lehrerin hat noch violettes Papier dabei:
Wie viele verschiedene Möglichkeiten gibt es jetzt? Färbe geschickt.

Es gibt ______ · ______ = ______ verschiedene Möglichkeiten.

c) Einige Kinder möchten für ihre Blumen 4 verschiedene Farben verwenden, aber keine einfarbigen Blumen basteln. Wie viele verschiedene Möglichkeiten gibt es jetzt noch?

L:

A:

**1** Suche Mal- und Geteiltaufgaben.
Kreise sie ein und schreibe sie auf.

| | | | | | | |
|---|---|---|---|---|---|---|
| 3 | 3 | 9 | 4 | 10 | 7 | 5 |
| 14 | 3 | 3 | 64 | 6 | 6 | 36 |
| 6 | 1 | 27 | 5 | 4 | 28 | 18 |
| 7 | 4 | 4 | 25 | 5 | 5 | 9 |
| 42 | 63 | 9 | 7 | 20 | 10 | 2 |

$3 \cdot 3 = 9$

$18 : 9 = 2$

**2** Immer 100! Kreise ein: Welche der erlaubten Zahlen ergeben zusammen 100?

nur gerade Zahlen: 5, 10, 8, 42, 2, 34, 29, 22, 16, 43, 74

nur ungerade Zahlen: 9, 3, 21, 15, 11, 54, 43, 6, 17, 32, 1

nur Quadratzahlen: 4, 1, 64, 25, 9, 16, 33, 12, 0, 49

**3**

| | | | | | | | | | | | |
|---|---|---|---|---|---|---|---|---|---|---|---|
| | 40 | 46 | | 58 | | | | | | | 100 |
| 86 | | | | 58 | 51 | | | | | | 9 |
| 22 | 30 | 25 | | 28 | 36 | | | | | | 45 |
| 58 | 49 | 55 | | 52 | 43 | | | | | | 33 |

**4**

16 16 16

24 24 24

**1**

43 + 21 =

 + =

 + =

**2**

32 + 24 =

65 + 33 =

12 + 87 =

**3**

a)

| + | 16 | 22 | 33 |
|---|---|---|---|
| 22 | | | |
| 32 | | | |
| 42 | | | |

b)

| + | 24 | 34 | 44 |
|---|---|---|---|
| 12 | | | |
| 35 | | | |
| 54 | | | |

c)

| + | 14 | 38 | 36 |
|---|---|---|---|
| 11 | | | |
| 52 | | | |
| 61 | | | |

d)

| + | 15 | 45 | 34 |
|---|---|---|---|
| 14 | | | |
| 41 | | | |
| 53 | | | |

e)

| + | 13 | 23 | |
|---|---|---|---|
| 26 | | | |
| | | 96 | |
| 30 | | | 52 |

d)

| + | 21 | 43 | |
|---|---|---|---|
| 25 | | | |
| 36 | | | 87 |
| | | 76 | |

**4**

21 + 16 | 66 + 22 | 12 + 25 | 44 + 44 | 36 + 23

42 + 17 | ___ + ___ | 24 + 22 | 31 + 15 | 45 + 43

___ + ___ | 35 + 24 | ___ + ___ + ___ | 15 + 31

21 + 67 | 12 + 22 + 12

41 + 15 + 32 | 27 + 32

**1**

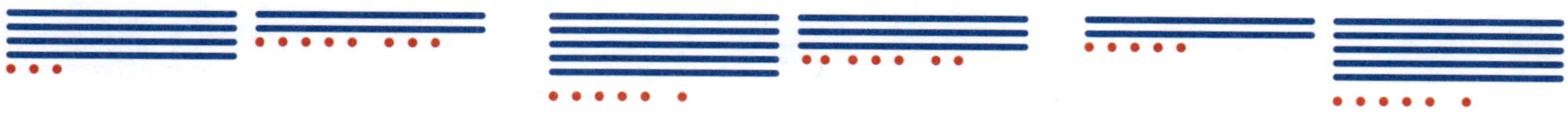

43 + 28 =

\+ =

\+ =

**2**

38 + 24 =

65 + 29 =

16 + 77 =

**3**

Hüpf im Päckchen.

| | | |
|---|---|---|
| 17 + 28 = ___ | 57 + 39 = ___ | 95 − 30 = ___ |
| 25 + 29 = ___ | 16 + 67 = ___ | 66 − 10 = ___ |
| 92 − 40 = ___ | 83 − 40 = ___ | 83 − 40 = ___ |
| 45 − 20 = ___ | 72 + 19 = ___ | 65 + 32 = ___ |
| 81 − 30 = ___ | 96 − 50 = ___ | 56 + 27 = ___ |
| 54 + 38 = ___ | 43 + 29 = ___ | 43 + 38 = ___ |
| 52 + 29 = ___ | 46 − 30 = ___ | 97 − 31 = ___ |
| Ziel: 51 | Ziel: 91 | Ziel: 81 |

**4**

a)

| | | |
|---|---|---|
| 17 + 15 | | |
| +   + | | + |
| 49 + 19 | | |
| + | | |

| | | |
|---|---|---|
| 23 + 19 | | |
| +   + | | + |
| 8 + 48 | | |
| + | | |

| | | |
|---|---|---|
| 27 + 19 | | |
| +   + | | + |
| 35 + 18 | | |
| + | | |

b) Fehlersuche: Welche Zahl stimmt nicht? Korrigiere sie.

| | |
|---|---|
| 18 + 19 | 39 |
| +   + | + |
| 28 + 28 | 56 |
| 46 + 47 | 93 |

| | |
|---|---|
| 27 + 38 | 65 |
| +   + | + |
| 13 + 15 | 26 |
| 40 + 51 | 91 |

| | |
|---|---|
| 29 + 18 | 47 |
| +   + | + |
| 39 + 9 | 48 |
| 68 + 27 | 97 |

# Minusaufgaben ohne Zehnerübergang

**1**

43 – 21 =

___ – ___ =

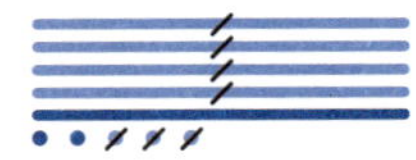

___ – ___ =

**2**

48 – 27 =

97 – 64 =

59 – 35 =

**3**

a)

| – | 16 | 26 | 36 |
|---|---|---|---|
| 48 | | | |
| 69 | | | |
| 97 | | | |

b)

| – | 25 | 41 | 53 |
|---|---|---|---|
| 86 | | | |
| 76 | | | |
| 66 | | | |

c)

| – | 34 | | 25 |
|---|---|---|---|
| | | | 50 |
| 87 | | | |
| 98 | | 56 | |

d)

| – | 24 | 35 | 46 |
|---|---|---|---|
| 56 | | | |
| 77 | | | |
| 89 | | | |

e)

| – | 47 | 56 | 65 |
|---|---|---|---|
| 79 | | | |
| 87 | | | |
| 98 | | | |

f)

| – | 33 | 46 | |
|---|---|---|---|
| 67 | | | 12 |
| 88 | | | |
| | 63 | | |

**4**

68 – 36

96 – 51

___ – ___

39 – 15

89 – 12 – 45

79 – 21 – 13

___ – ___ – ___

95 – 71

___ – ___

___ – ___

94 – 62

58 – 34

59 – 14

40 – 15 – 14

49 – 17

85 – 51 – 23

78 – 33

___ – ___

67 – 22

84 – 60

**1**

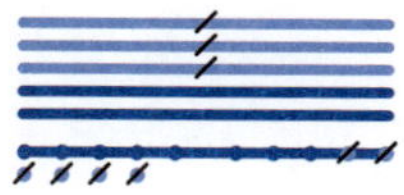

64 − 36 =

− =

− =

**2**

44 − 27 =

92 − 64 =

51 − 35 =

**3**

Kontrolliere mit der Umkehraufgabe.

36 − 19 = 17
17 + 19 =

62 − 17 = ___

45 − 28 = ___

67 − 39 = ___

73 − 45 = ___

55 − 29 = ___

87 − 49 = ___

91 − 78 = ___

81 − 57 = ___

72 − 36 = ___

56 − 38 = ___

94 − 69 = ___

**4**

a)

| | | |
|---|---|---|
| + | 19 | 48 |
| + | | |
| 47 | 37 | |

| | | |
|---|---|---|
| + | 38 | |
| + | 17 | 36 |
| | | 91 |

| | | |
|---|---|---|
| 24 | + | 53 |
| + | 16 | |
| 41 | | |

b)

| | | |
|---|---|---|
| 29 | 27 | |
| + | | |
| | 46 | 93 |

| | | |
|---|---|---|
| 28 | + | 45 |
| + | 26 | |
| | | 94 |

| | | |
|---|---|---|
| 29 | + | 55 |
| + | 18 | |
| 42 | | |

**1**

a) 26 + ___ = 62
55 + ___ = 73
29 + ___ = 82
19 + ___ = 55
46 + ___ = 75

b) 39 + ___ = 92
49 + ___ = 75
55 + ___ = 81
36 + ___ = 62
28 + ___ = 46

c) 78 − ___ = 44
85 − ___ = 28
76 − ___ = 42
52 − ___ = 38
43 − ___ = 9

d) 54 − ___ = 27
58 − ___ = 44
83 − ___ = 26
62 − ___ = 25
33 − ___ = 7

14 18 26 27 29 34 36 37 53 57

**2**

a) ___ + 33 = 81
___ + 35 = 72
___ + 19 = 67
___ + 27 = 41
___ + 42 = 93

b) ___ + 54 = 82
___ + 26 = 63
___ + 9 = 57
___ + 44 = 72
___ + 57 = 94

c) ___ − 17 = 36
___ − 38 = 24
___ − 24 = 59
___ − 46 = 27
___ − 52 = 21

d) ___ − 73 = 18
___ − 29 = 54
___ − 47 = 6
___ − 38 = 56
___ − 15 = 76

14 28 37 48 51 53 62 73 83 91 94

**3**

Welche Zahlenkarten passen? 0 1 2 3 4 5 6 7 8 9

a) 39 + ___ < 44
L: 0, 1

43 − ___ > 37
L: ___

86 − ___ > 84
L: ___

b) ___ + 38 < 48
L: ___

___ + 81 < 90
L: ___

___ + 49 < 52
L: ___

c) 63 + ___ < 94 − 25
L: ___

45 − ___ > 86 − 44
L: ___

64 − ___ > 82 − 19
L: ___

**4**

Wenn du zu meiner Zahl 57 dazuzählst, erhältst du 81.

Die Zahl heißt ___

Wenn du von 50 erst 11 abziehst und dann 12 dazuzählst, erhältst du meine Zahl.

Die Zahl heißt ___

Die Zahl heißt ___

Wenn du zu 63 erst 18 dazuzählst und dann 37 abziehst, erhältst du meine Zahl.

Die Zahl heißt ___

**1**

Suche Plus- oder Minusaufgaben.
Kreise sie ein und schreibe sie auf.

| | | | | | | |
|---|---|---|---|---|---|---|
| 23 | 10 | 33 | 69 | 51 | 7 | 44 |
| 57 | 84 | 75 | 18 | 80 | 98 | 28 |
| 7 | 94 | 42 | 52 | 76 | 0 | 72 |
| 63 | 16 | 2 | 17 | 41 | 98 | 27 |
| 9 | 87 | 40 | 5 | 35 | 46 | 98 |

23 + 10 = 33    76 − 41 = 35

**2**

| | | | | | | | | | | | |
|---|---|---|---|---|---|---|---|---|---|---|---|
| | | | 28 | 37 | 46 | 55 | | | | | 100 |
| | | 54 | 71 | 52 | 69 | 50 | | | | | 63 |
| 73 | | | | 65 | 40 | 61 | 36 | 57 | | | 28 |

**3**

Rica hat in 3 Schachteln insgesamt 40 Perlen. Sie nimmt aus einer Schachtel 8 Perlen und aus einer anderen 5 Perlen heraus. Nun sind in allen 3 Schachteln gleich viele Perlen. Wie viele Perlen waren vorher in jeder Schachtel?

Schachtel 1: ☐
Schachtel 2: ☐
Schachtel 3: ☐

**4**

| | | | | |
|---|---|---|---|---|
| 27 | + | | = | |
| + | | + | | + |
| | + | 19 | = | |
| = | | = | | = |
| 43 | + | | = | 91 |

| | | | | |
|---|---|---|---|---|
| | − | | = | 46 |
| − | | − | | − |
| 36 | − | | = | 17 |
| = | | = | | = |
| | − | 28 | = | |

# Vorteilhaft rechnen

**1**

a) Rechne wie Bastian.

56 + 19 = 56 + 20 − 1
28 + 39 = ______
37 + 29 = ______
23 + 49 = ______

b) Rechne wie Tanja.

43 + 39 = 42 + 40
52 + 39 = ______
37 + 29 = ______
23 + 79 = ______

**2**

Wie rechnest du?

a)

| + | 29 | 49 | 19 | 9 | 39 |
|---|---|---|---|---|---|
| 25 | | | | | |
| 37 | | | | | |
| 44 | | | | | |
| 52 | | | | | |

b)

| + | 19 | 28 | | | |
|---|---|---|---|---|---|
| 45 | | | | | 63 |
| 34 | | | | | |
| 51 | | | | 99 | |
| 26 | | | 65 | | |

**3**

a) Rechne wie Bastian.

57 − 39 = 57 − 40 + 1
64 − 29 = ______
43 − 19 = ______
85 − 59 = ______

b) Rechne wie Tanja.

41 − 29 = 42 − 30
93 − 89 = ______
35 − 19 = ______
26 − 9 = ______

**4**

Wie rechnest du?

a)

| − | 49 | 9 | 39 | 19 | 29 |
|---|---|---|---|---|---|
| 56 | | | | | |
| 68 | | | | | |
| 75 | | | | | |
| 93 | | | | | |

b)

| − | 29 | 18 | | | |
|---|---|---|---|---|---|
| 73 | | | | | |
| 64 | | | | | 25 |
| 87 | | | | 29 | |
| 98 | | | 49 | | |

**5**

Hüpf im Päckchen.

48 − 31 = ____
74 − 63 = ____
17 + 39 = ____
11 + 69 = ____
56 + 18 = ____
Ziel: 80

80 − 22 = ____
77 − 36 = ____
96 − 79 = ____
58 + 19 = ____
41 + 55 = ____
Ziel: 17

63 − 19 = ____
92 − 68 = ____
82 − 49 = ____
33 + 59 = ____
44 + 38 = ____
Ziel: 24


95

**1**

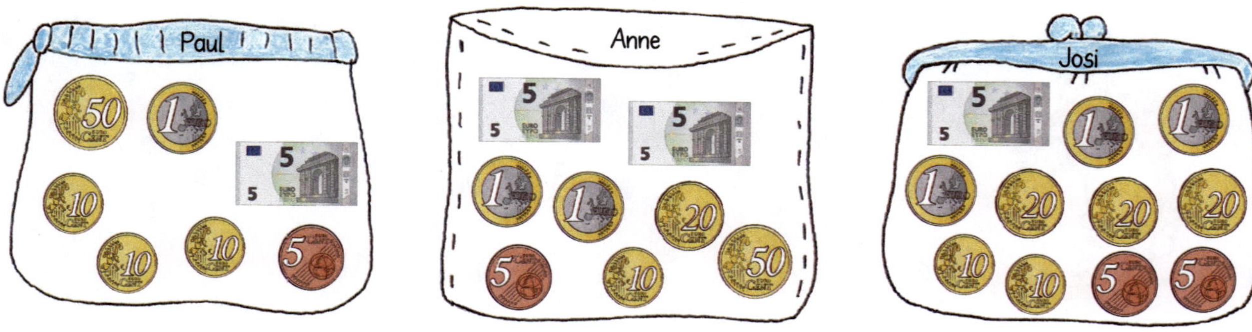


a) Wie viel Geld hat jedes Kind? Trage ein.

| |  |  |  |  |  |  | Insgesamt |
|---|---|---|---|---|---|---|---|
| Paul | 1 | | | | | | ___ € ___ ct |
| Anne | | | | | | | ___ € ___ ct |
| Josi | | | | | | | ___ € ___ ct |

Wer hat das meiste Geld? ______________

Wer hat das wenigste Geld? ______________

b) Wie viel Geld fehlt jedem Kind bis zum nächsten vollen Euro?

Paul hat _____ € ____ ct. Ihm fehlen noch ____ ct bis ____ €.

Anne hat _____ € ____ ct. Ihr fehlen noch ____ ct bis ____ €.

Josi hat _____ € ____ ct. Ihr fehlen noch ____ ct bis ____ €.

c) Wie viel Geld haben alle drei Kinder zusammen?

L:

**2**

| Preisliste | |
|---|---|
| Buntstifte | 4 € 99 ct |
| Füller | 6 € 15 ct |
| Lineal | 2 € |
| Radierer | 1 € 8 ct |
| Heft | 77 ct |

Patrick kauft einen Füller, ein Heft und ein Lineal.
Er hat 10 € mitgenommen. Wie viel Geld hat er übrig?

L:

98

**1**

a)

___ : 3 = ___ R ___

b)

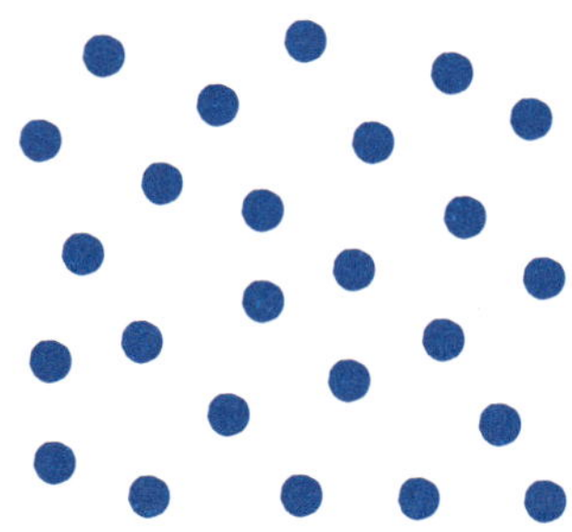

___ : 4 = ___ R ___

c)

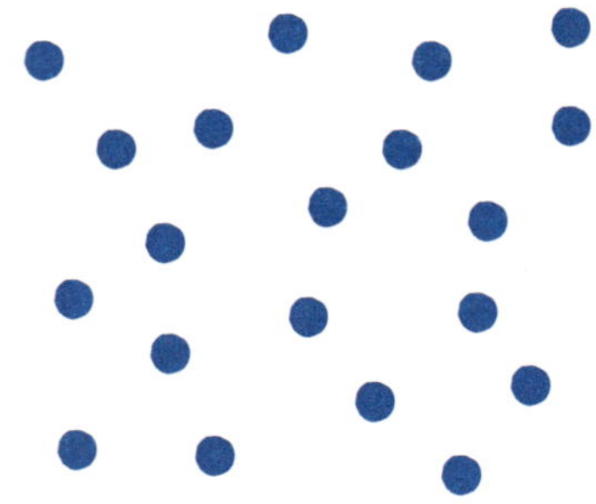

___ : 6 = ___ R ___

**2**

a)

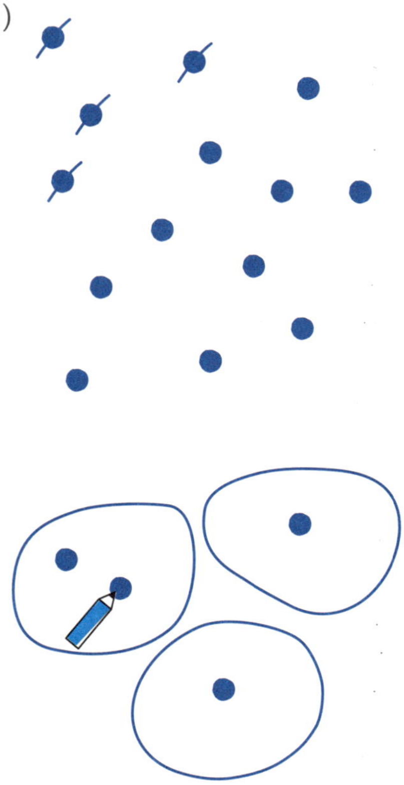

___ : 3 = ___ R ___

b)

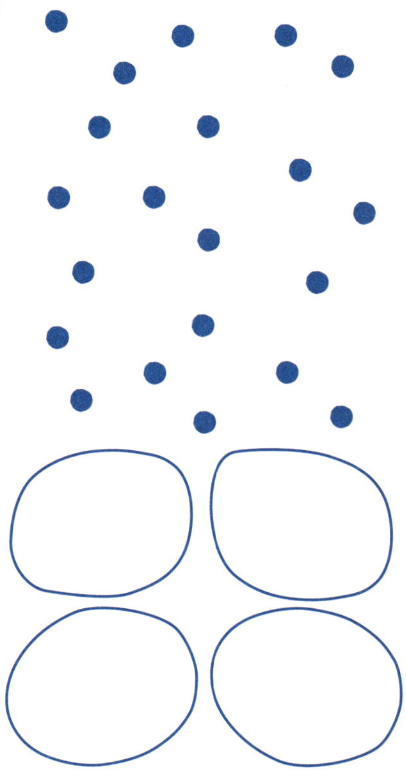

___ : 4 = ___ R ___

c)

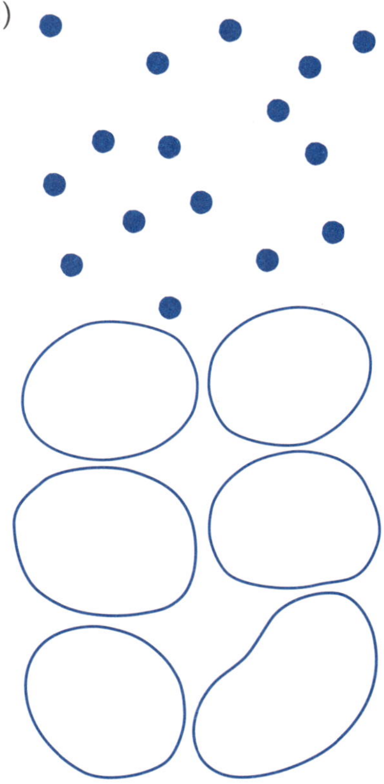

___ : 6 = ___ R ___

**3**

a) 9 : 3 = ___ R ___
10 : 3 = ___ R ___
11 : 3 = ___ R ___
12 : 3 = ___ R ___

b) 19 : 4 = ___ R ___
18 : 4 = ___ R ___
17 : 4 = ___ R ___
16 : 4 = ___ R ___

c) 23 : 5 = ___ R ___
24 : 5 = ___ R ___
25 : 5 = ___ R ___
26 : 5 = ___ R ___

d) 7 : 2 = ___ R ___
14 : 3 = ___ R ___
29 : 4 = ___ R ___
24 : 5 = ___ R ___

e) 19 : 2 = ___ R ___
23 : 3 = ___ R ___
10 : 4 = ___ R ___
28 : 5 = ___ R ___

f) 20 : 6 = ___ R ___
22 : 7 = ___ R ___
30 : 8 = ___ R ___
25 : 9 = ___ R ___


102 103

**1** Trage zu jedem Punktebild die passende Aufgabenfamilie in die Häuser ein.

30
6 5

6 · 5 = 30
5 · 6 =
30 : 5 =
30 : 6 =

9 4

· =
· =
: =
: =

· =
· =
: =
: =

· =
· =
: =
: =

**2**

20
5 4

5 · 4 = 20
4 · 5 =
20 : =
: =

7 5

7 · 5 =
· =
: =
: =

· =
· =
18 : 2 =
: =

· =
· =
60 : 10 =
: =

· =
· =
24 : 8 =
: =

· =
· =
: =
9 : = 1

· =
· =
: =
14 : 7 =

· =
· =
: =
: 6 = 4

**1** Stelle Fragen, löse und antworte.

a)

F:

L:

b)

F:

L:

c)

F:

L:

**1** Welche Gleichung passt zu welchem Text? Verbinde und löse.

Leon sammelt Bilder von Fußballspielern.
Er hat schon 21 Bilder.
Opa schenkt ihm 5 weitere.
Leon gibt Mike 2 Bilder.

21 · 2 = ____
____ − 5 = ____

21 + 5 = ____
____ + 2 = ____

Nadja und Pia kaufen eine Musik-CD für 21 €.
Sie haben einen Gutschein über 5 €.
Den Rest teilen sie sich.

In die Klasse 2a und 2b gehen jeweils 21 Kinder.
Heute fehlen 5 Kinder.

21 − 5 = ____
____ : 2 = ____

21 + 5 − 2 = ____

Tim ist 5 Jahre und sein Onkel Lukas ist 21 Jahre alt. Tante Julia ist 2 Jahre älter als Tim und Lukas zusammen.

**2** a) Welche Gleichung passt zu welcher Frage? Verbinde, löse und antworte.

max. 3 Personen pro Schaukel

Erwachsene: 2 €
Kinder: 1 € 50 ct

Wie viel müssen Tina und ihre Mutter zusammen bezahlen?

Sie müssen zusammen ____ bezahlen.

Wie viele Personen können insgesamt gleichzeitig schaukeln?

Es können gleichzeitig ____ Personen schaukeln.

5 · 3 = ____

2 € + 1 € 50 ct = ____

1 € 50 ct + 1 € 50 ct = ____

b) Welche Gleichung bleibt übrig?
Erfinde zu dieser Gleichung eine Rechengeschichte. Löse sie und antworte.

**1** Löse mithilfe einer Skizze und antworte.

a) Entlang des Pausenhofs werden 5 Bäume in einer Reihe gepflanzt. Zwischen den Bäumen bleibt ein Abstand von 4 Metern.
Wie weit ist es vom ersten bis zum letzten Baum?

L:

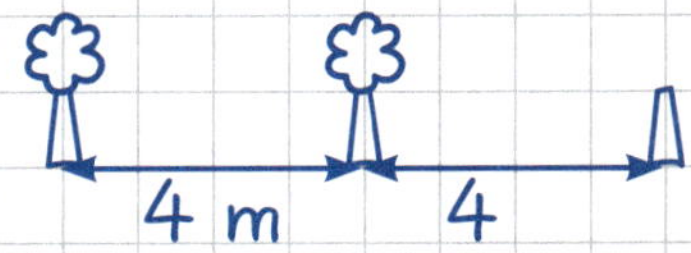


b) 3 Autos stehen hintereinander in einer Reihe.
Jedes Auto ist 4 Meter lang.
Zwischen den Autos ist immer 1 Meter Platz.
Wie lang ist die Reihe?

L:

**2** Steiche im Text jeweils alles durch, was du zur Beantwortung der Frage nicht brauchst.
Löse und antworte.

Tims Fahrrad, das er vor einem Jahr von Opa und Oma zum Geburtstag bekam, ist seit einem Monat kaputt und muss repariert werden. Tim hofft, dass die gesparten 19 € reichen. Im Fahrradladen kauft Tim ein Rücklicht für 6 € 75 ct und neue Bremsbeläge für 8 € 25 ct. Flink repariert er mit Papa das Rad. Dazu brauchen sie 1 h 30 min.
Jetzt ist das Fahrrad wieder sicher.

Tims Fahrrad, das er vor einem Jahr von Opa und Oma zum Geburtstag bekam, ist seit einem Monat kaputt und muss repariert werden. Tim hofft, dass die gesparten 19 € reichen. Im Fahrradladen kauft Tim ein Rücklicht für 6 € 75 ct und neue Bremsbeläge für 8 € 25 ct. Flink repariert er mit Papa das Rad. Dazu brauchen sie 1 h 30 min.
Jetzt ist das Fahrrad wieder sicher.

Wie teuer waren die Ersatzteile insgesamt?

Wie viele Monate konnte Tim mit dem Rad fahren, bevor es ihm kaputt ging?

L:

L:


108

**1**

a) Wie heißen die Figuren? Beschrifte.

A 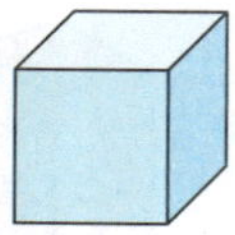

Würfel

B 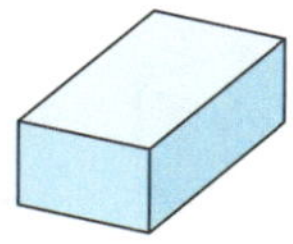

C 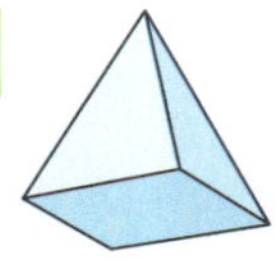

D 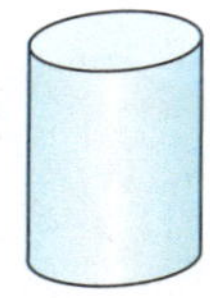

E 

b) Welche Eigenschaften haben diese Körper?

| Körper | Ecken | ebene Seitenflächen | gewölbte Seitenflächen | gerade Kanten | gekrümmte Kanten |
|---|---|---|---|---|---|
| A Würfel | ja | ja | nein | | |
| B | | | | | |
| C | | | | | |
| D | | | | | |
| E | | | | | |

**2**

Fülle die Körpersteckbriefe aus.

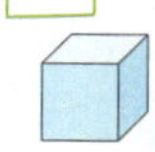

| Name: Würfel | Anzahl |
|---|---|
| Ecken | |
| ebene Seitenflächen | |
| gewölbte Seitenflächen | |
| gerade Kanten | |
| gekrümmte Kanten | |

| Name: | Anzahl |
|---|---|
| Ecken | |
| ebene Seitenflächen | |
| gewölbte Seitenflächen | |
| gerade Kanten | |
| gekrümmte Kanten | |

| Name: | Anzahl |
|---|---|
| Ecken | |
| ebene Seitenflächen | |
| gewölbte Seitenflächen | |
| gerade Kanten | |
| gekrümmte Kanten | |

| Name: | Anzahl |
|---|---|
| Ecken | |
| ebene Seitenflächen | |
| gewölbte Seitenflächen | |
| gerade Kanten | |
| gekrümmte Kanten | |

| Name: | Anzahl |
|---|---|
| Ecken | |
| ebene Seitenflächen | |
| gewölbte Seitenflächen | |
| gerade Kanten | |
| gekrümmte Kanten | |

| Name: | Anzahl |
|---|---|
| Ecken | |
| ebene Seitenflächen | |
| gewölbte Seitenflächen | |
| gerade Kanten | |
| gekrümmte Kanten | |

**1** Wie viele Würfel sind es? Schreibe verschiedene Rechnungen.

a)

b)

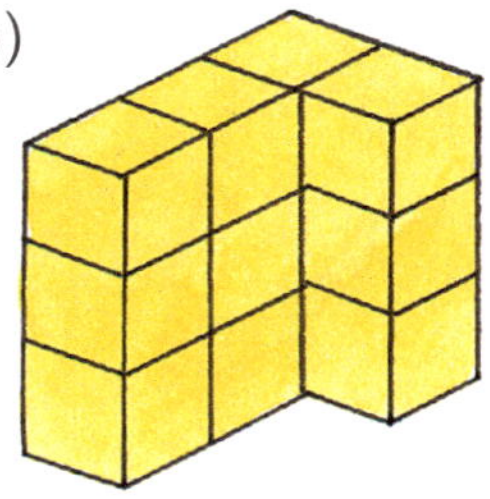

c)

$4 \cdot 4 = 16$

**2** Die Kinder haben Rechnungen zu diesem Gebäude geschrieben.
Wie sind sie vorgegangen? Erkläre und beurteile den Rechenweg.

a) Anja

$2 \cdot 6 = 12$
$12 + 4 = 16$

b) Martin

$2 \cdot 2 = 4$
$4 \cdot 3 = 12$
$12 + 4 = 16$

c) Karin

$3 + 5 + 4 = 12$

 112

**1** Von vorn, hinten, links, rechts oder oben?

a)

von oben von ________ von ________

b)

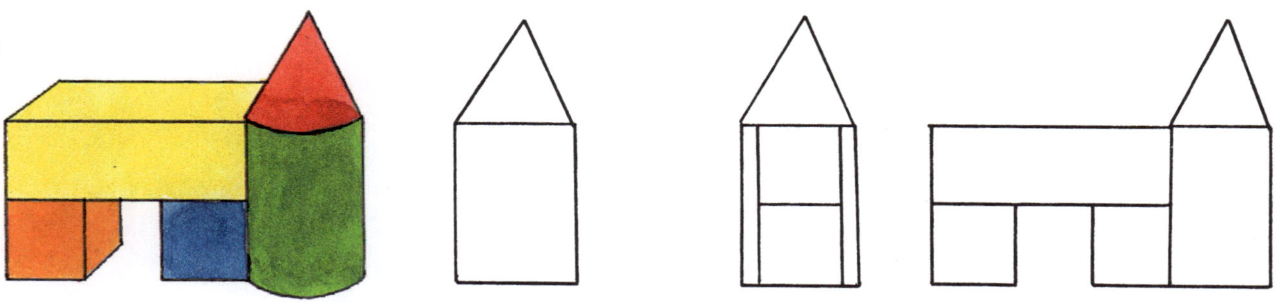

von ________ von ________ von ________

**2** Färbe alle Flächen.

a)

von links von rechts von hinten

b)

von oben von links von hinten

1

a) Lasse geht zum Ring.

Lasse geht durch die erste Tür, dann

b) Paul geht zur Schatztruhe.

c) Chiara geht zum Goldstück.

2

Wohin gehen die Kinder? Schreibe auf.

1 Lasse geht geradeaus durch die Tür.
Er geht durch die erste Tür nach links.
Dann geht er durch die erste Tür nach
rechts. ______

2 Chiara geht ein Stück geradeaus durch die
Tür. Sie geht die erste Tür nach rechts.
Dann geht sie noch mal nach rechts.
______

3 Paul geht durch die erste Tür nach links.
______

4 Lisa geht genauso wie Lasse.
______

 116

1 Für das Klassenfest müssen noch Getränke und etwas zum Knabbern eingekauft werden. Trage deinen Vorschlag in die Tabelle ein. Prüfe, ob das Geld der Klassenkasse reicht.

| Das brauchen wir: | 1 Packung reicht für so viele Kinder | benötigte Packungen | Preis je Packung | Gesamtpreis |
|---|---|---|---|---|
| Popcorn (1 Eimer) | 15 Kinder | | | |
| Kekse | 6 Kinder | | | |
| Knabbermischung | 8 Kinder | | | |
| Chips | 6 Kinder | | | |
| Mineralwasser | 12 Kinder | | | |
| Orangen-Limo | 12 Kinder | | | |
| Orangensaft | 6 Kinder | | | |
| Trinkbecher | 50 Kinder | | | |
| | | | Preis des Einkaufs insgesamt: | |

120

**1** a)

| | | |
|---|---|---|
| | | |
| | | |
| 13 | 27 | 9 |

| | | |
|---|---|---|
| | | |
| 21 | | |
| | 15 | 4 |

| | | |
|---|---|---|
| | | |
| 42 | 57 | |
| | 12 | |

| | | |
|---|---|---|
| | 92 | |
| | 37 | |
| | 18 | |

b) Triff die 100. Finde verschiedene Lösungen.

| | | |
|---|---|---|
| | 100 | |
| | | |
| | | |

| | | |
|---|---|---|
| | 100 | |
| | | |
| | | |

| | | |
|---|---|---|
| | 100 | |
| | | |
| | | |

| | | |
|---|---|---|
| | 100 | |
| | | |
| | | |

c)

| | | |
|---|---|---|
| | 29 | |
| | | |
| 7 | | 12 |

| | | |
|---|---|---|
| | 33 | |
| | | |
| 2 | | 9 |

| | | |
|---|---|---|
| | 49 | |
| | | |
| 22 | | 15 |

**2**

| | | | |
|---|---|---|---|
| 4 | | 17 | |
| | 9 | | 12 |
| | | 14 | 8 |
| 16 | 6 | | 19 |

immer 46

| | | | |
|---|---|---|---|
| 8 | | 10 | |
| | 14 | | 4 |
| | | 20 | 6 |
| 2 | 24 | | |

immer 68

| | | | |
|---|---|---|---|
| 23 | | 22 | 11 |
| 13 | 20 | | |
| 12 | | 17 | |
| | 15 | | 14 |

immer ____

| | | | |
|---|---|---|---|
| 28 | | 27 | |
| | 25 | | 30 |
| | | 22 | 29 |
| 31 | 20 | | 19 |

immer ____

**3**

Löse das linke Zauberquadrat.
Prüfe, ob die anderen Quadrate auch Zauberquadrate sind.

| | | |
|---|---|---|
| 24 | 4 | 32 |
| 28 | 20 | |
| | | |

immer 60

: 2 →

| | | |
|---|---|---|
| 12 | 2 | |
| | | |
| | | |

immer ____

: 2 →

| | | |
|---|---|---|
| 6 | | |
| | | |
| | | |

immer ____

Auf Wiedersehen in Klasse 3!

braun: 8, 45
gelb: 7, 64
grün: 9, 25
blau: 6, 56
grau: 4, 36
12 : 2
98 − 52 − 10
92 − 58 − 30
63 − 34 + 7
48 − 12
5 · 5
72 : 8
79 − 54
3 · 3
18 : 2
56 + 28 − 28
42 − 36
7 · 8
91 − 35
19 + 45
75 − 66
9 · 4
9 · 5
8 · 8
80 : 10
30 + 34
46 − 21
63 : 9
37 + 27
14 : 2
81 − 36
51 + 13
28 : 4
6 + 3
84 − 28
45 : 5
64 : 8
24 : 3
2 · 3
35 : 5
48 : 6
12 + 13

**1**

| · | 0 | 1 | 2 | 3 | 4 | 5 | 6 | 7 | 8 | 9 | 10 |
|---|---|---|---|---|---|---|---|---|---|---|---|
| 0 | | | | | | | | | | | |
| 1 | | | 2 | | | | | | | | |
| 2 | | 2 | | | | | | | | | |
| 3 | | | | | | | | | | | |
| 4 | | | | | | | | | | | |
| 5 | | | | | | | | | | | |
| 6 | | | | | | | | | | | |
| 7 | | | | | | | | | | | |
| 8 | | | | | | | | | | | |
| 9 | | | | | | | | | | | |
| 10 | | | | | | | | | | | |

**2**

Bist du ein 1 · 1 Experte? Finde zu den Ergebnissen eine 1 · 1 Aufgabe!

| | | | |
|---|---|---|---|
| 40 = ___ · ___ | 12 = ___ · ___ | 28 = ___ · ___ | 81 = ___ · ___ |
| 1 = ___ · ___ | 48 = ___ · ___ | 16 = ___ · ___ | 8 = ___ · ___ |
| 15 = ___ · ___ | 20 = ___ · ___ | 45 = ___ · ___ | 56 = ___ · ___ |
| 70 = ___ · ___ | 63 = ___ · ___ | 100 = ___ · ___ | 27 = ___ · ___ |
| 4 = ___ · ___ | 7 = ___ · ___ | 72 = ___ · ___ | 49 = ___ · ___ |
| 24 = ___ · ___ | 35 = ___ · ___ | 14 = ___ · ___ | 60 = ___ · ___ |
| 32 = ___ · ___ | 18 = ___ · ___ | 0 = ___ · ___ | 25 = ___ · ___ |
| 54 = ___ · ___ | 42 = ___ · ___ | 64 = ___ · ___ | 36 = ___ · ___ |


128